乡村振兴人才培养系列教材

U0965370

农作物主要杂草种类及防治方法

邹宗峰　王双磊　孟祥谦　主编

中国农业大学出版社
·北京·

内容简介

近年来，随着全球气候变暖，耕作制度变化，种子调配及交通运输的便捷，农田杂草种类、种群结构发生很大变化。同时，国家、社会等在食品安全方面提出的新要求，也对农业安全生产提出了新的挑战。准确地识别农田杂草，并采取多种防除方法综合防治，降低农药使用量，确保农产品绿色、健康生产已迫在眉睫。本书收录了北方地区主要种植作物田常见或较为常见的杂草共32科107种。

本书结合生产实际，针对主要杂草从形态特征、发生规律、分布特点及作物田的综合防治角度出发，通过文字描述和图片展示的方式进行了系统介绍，以期为广大农民防除杂草提供参考。

图书在版编目(CIP)数据

农作物主要杂草种类及防治方法 / 邹宗峰，王双磊，孟祥谦主编. --北京：中国农业大学出版社，2025.1. -ISBN 978-7-5655-3259-7

Ⅰ. S451.1

中国国家版本馆 CIP 数据核字第 2024LU4674 号

书　名　农作物主要杂草种类及防治方法

作　者　邹宗峰　王双磊　孟祥谦　主编

策划编辑　林孝栋　康昊婷　　**责任编辑**　康昊婷

封面设计　中通世奥图文设计

出版发行　中国农业大学出版社

社　址　北京市海淀区圆明园西路2号　　**邮政编码**　100193

电　话　发行部 010-62733489，1190　　读者服务部 010-62732336

编辑部 010-62732617，2618　　出　版　部 010-62733440

网　址　http://www.caupress.cn　　**E-mail** cbsszs@cau.edu.cn

经　销　新华书店

印　刷　北京溢漾印刷有限公司

版　次　2025年1月第1版　2025年1月第1次印刷

规　格　185 mm×260 mm　16开本　12.25印张　298千字

定　价　29.00元

编写人员

主　编　邹宗峰　王双磊　孟祥谦

副主编　王彩霞　练　森　赵云福　刘晓娜
　　　　　索玉婷　王　雪　任　强　于旭红

编　者　许海军　陈　妮　李娇倩　于翰林
　　　　　赵远超　高一凤　王海英　徐大伟
　　　　　赵严港　李素霞　宋吉鲲　蒋晓明
　　　　　卢俊宇　杨志峰　张富海　闫　进
　　　　　孙美芝　乔晓明　李明晶　宋兆本
　　　　　王英帆　江　燕　陈同金　张　倩
　　　　　刘艳慧　王妮妮　李海斌　邹瑞红
　　　　　蔡　晨　刘双林　牟悦龙　成　强
　　　　　肖　丽　马　骁　钟尚君

前　言

党的二十大报告指出，加快建设农业强国、全方位夯实粮食安全根基。杂草自古以来就是农业生产过程中的一大灾害。杂草与农作物强烈地争水、争肥、争光照和争生存空间，造成作物减产，品质下降，严重时甚至造成绝收。同时部分杂草还是一些重要病虫害的中间寄主，通过产生有害物质直接影响人们的身体健康。据统计，我国每年因杂草直接或间接为害可使农作物减产15%以上。

近年来，随着全球气候变暖，耕作制度变化，种子调配及交通运输的便捷，农田杂草种类、种群结构发生很大变化。同时，国家、社会等在食品安全方面提出的新要求，也对农业安全生产提出了新的挑战。准确地识别农田杂草，采取多种防除方法进行综合防治，降低农药使用量，尽最大可能地确保农产品绿色、健康生产已迫在眉睫。

本书收录了北方地区（以烟台为例）主要种植作物田间常见或较为常见的杂草共计107种，结合生产实际，针对杂草的形态特征、发生规律、分布特点及在田间的综合防治，通过文字描述和图片展示的方式进行了系统介绍，以期为广大农民防除杂草提供参考。

由于本书涉及面广，作者的专业水平有限，书中难免存在疏漏与不足，敬请读者批评指正。

编　者

2024年1月

目　录

第一部分　农作物主要杂草种类特征

一、禾本科

1. 看麦娘

看麦娘，为禾本科看麦娘属越年生或一年生草本植物。

(1)形态特征

秆少数丛生，细瘦，光滑，节处常膝曲，高 15～40 cm。叶鞘光滑，短于节间；叶舌膜质，长 2～5 mm；叶片扁平，长 3～10 cm，宽 2～6 mm。圆锥花序圆柱状(图 1-1、图 1-2)，灰绿色，长 2～7 cm，宽 3～6 mm；小穗椭圆形或卵状长圆形，长 2～3 mm；颖膜质，基部互相连合，具 3 脉，脊上有细纤毛，侧脉下部有短毛；外稃膜质，先端钝，等大或稍长于颖，下部边缘互相连合，芒长 1.5～3.5 mm，约于稃体下部 1/4 处伸出，隐藏或稍外露；花药橙黄色，长 0.5～0.8 mm(图 1-3)。种子细小而轻。颖果长约 1 mm(图 1-4)。花果期 4—8 月。

(2)发生规律

看麦娘以种子繁殖，种子发芽的最低温度为 5 ℃，适宜温度为 15～20 ℃，高于 25 ℃时多数不能萌发，较喜湿。以幼苗或种子越冬，种子休眠 3～4 个月。繁殖力较强。籽实随成熟而脱落，带稃颖漂浮水面传播扩散。

图 1-1　看麦娘花序(1)

图 1-2　看麦娘花序(2)

图 1-3　看麦娘群体(1)

图 1-4　看麦娘群体(2)

二维码 1-1

图 1-1 至图 1-4 彩图

(3)分布特点

看麦娘生于海拔较低的田边及潮湿地。主要分布于华东、中南地区及云南、四川、陕西、河南、河北等地。主要为害稻茬、麦田、油菜、绿肥等作物,地势低洼的麦田受害严重。看麦娘繁殖力强,对小麦易造成较重的危害,是黑尾叶蝉、白翅叶蝉、灰飞虱、稻蓟马、稻小潜叶蝇、麦田蜘蛛等害虫的寄主。

2. 日本看麦娘

日本看麦娘为禾本科看麦娘属多年生或一年生草本植物。

(1)形态特征

秆少数丛生,直立或基部膝曲,具 3～4 节,高 20～50 cm。叶鞘松弛,叶舌膜质,长 2～5 mm;叶片上面粗糙,下面光滑,长 3～12 mm,宽 3～7mm。圆锥花序圆柱状(图 1-5、图 1-6),长 3～10 cm,宽 4～10 mm;小穗长圆状卵形,长 5～6 mm;颖仅基部互相连合,具 3 脉,脊上具纤毛;外稃略长于颖,厚膜质,下部边缘互相连合,芒长 8～12 mm,近稃体基部伸出,上部粗糙,中部稍膝曲;花药色淡或白色,长约 1mm。颖果半椭圆形,长 2～2.5 mm。

图 1-5　日本看麦娘花序(1)

图 1-6　日本看麦娘花序(2)

(2)发生规律

日本看麦娘是多年生或一年生草本植物，以幼苗或种子越冬。在我国长江中下游地区，种子在 5 月成熟落地，休眠 2～3 个月，9 月上旬发生，10—11 月达发生高峰，冬前可长出 5～6 叶，越冬后于 2 月中下旬返青，3 月上中旬拔节，4 月下旬至 5 月上旬抽穗开花(部分出苗早的植株冬前也可抽穗开花)，5 月下旬颖果开始成熟，生育期 130～230 d，比看麦娘长 10 多天。

二维码 1-2

图 1-5、图 1-6 彩图

日本看麦娘分蘖节多，分蘖期长。其分蘖位最低为主茎第一节，最高为第六节。正常情况下，冬前 1 次分蘖可达 2～3 个，并有 2 次分蘖出现。生育期单株平均分蘖约 7.7 个(其中冬前分蘖占 45.5%)，只有冬后 3 次分蘖难以成穗，总分蘖成穗率高达 80%～90%，1 个单株连同分蘖平均结籽 759.81 粒，高于小麦 8～9 倍。

(3)分布特点

生于海拔较低的田边及湿地，为夏熟作物田间杂草，对麦类作物为害较大，常和看麦娘混生，有时也成纯种群，局部地区发生数量大。与看麦娘相比，日本看麦娘竞争力更强。分布于长江中下游地区以及广东、广西、贵州、云南、河南等地，尤以江苏南部、安徽中部与南部为害严重。日本、朝鲜也有分布。

3. 鹅观草

鹅观草别称弯穗鹅观草、弯穗大麦草等，为禾本科鹅观草属下的一个种，是一种常见的多年生草本植物。

(1)形态特征

须根深 15～30 cm。秆直立或基部倾斜，疏丛生，高 30～100 cm。叶鞘外侧边缘常被纤毛；叶舌截平，长 0.5 mm；叶片扁平，光滑或稍粗糙(图 1-7 至图 1-9)。

图 1-7　鹅观草(1)

图 1-8　鹅观草(2)

图 1-9　鹅观草(3)

二维码 1-3　图 1-7 至图 1-9 彩图

穗状花序长 7～20 cm，下垂，小穗绿色或紫色，长 13～25 mm(芒除外)，含 3～10 花；颖披针形，边缘为宽膜质，顶端具 2～7 mm 的短芒，有 3～5 脉，第一颖较第二颖短；外稃披针形，边缘宽膜质，背部及基盘近无毛，芒长 20～40 mm；内稃约与外稃等长，先端钝，脊有翼。颖果稍扁，黄褐色，千粒重为 1.9 g。

(2)发生规律

鹅观草主要依靠种子繁殖。种子成熟期比较一致，利于一次收获，产种量高；种子发芽率高，一般在 90%以上。在温带地区，如果采取春播或夏播，当年仅能形成基生叶丛，而不能抽穗结实，直至降霜后，地上部分枯死，其绿草期为 96～132 d。生长 2 年以上的鹅观草，一般于 3 月底或 4 月初返青，6 月中旬开花，6 月底或 7 月初果熟，10 月初或中旬地上部分枯死。鹅观草分布的生态幅比较宽，适应的降水范围为 400～1 700 mm；既可在砂质土中生长，也可在黏质土上定居，适应土壤 pH 4.5～8；可适应的绝对最低温为－30 ℃、绝对最高温为 35 ℃。

(3)分布特点

生于农田地边、路旁、沟边、林地或草丛中。偶入农田，为害不大。除青海、西藏外，分布遍及全国；朝鲜、日本也有分布。

4. 野燕麦

野燕麦，为禾本科燕麦属一年生草本植物。

(1)形态特征

须根较坚韧。秆直立，光滑无毛，高 60～120 cm，具 2～4 节(图 1-10)。叶鞘松弛，光滑或基部被微毛；叶舌透明膜质，长 1～5 mm；叶片扁平，长 10～30 cm，宽 4～12 mm，微粗糙，或上面和边缘疏生柔毛。

圆锥花序开展，金字塔形，长 10～25 cm，分枝具棱角，粗糙；小穗长 18～25 mm，含 2～3 朵小花，其柄弯曲下垂，顶端膨胀(图 1-11)；小穗轴密生淡棕色或白色硬毛，其节脆硬易断落，第一节间长约 3 mm；颖草质，近相等，通常具 9 脉；外稃质地坚硬，第一外稃长 15～20 mm，背面中部以下具淡棕色或白色硬毛，芒自稃体中部稍下处伸出，长 2～4 cm，膝曲，芒柱棕色，扭转。颖果被淡棕色柔毛，腹面具纵沟，长 6～8 mm。花果期 4—9 月。

(2)发生规律

一年或二年生，出苗时间：西北地区 3—4 月，华北、华南地区 10—11 月(图 1-12)，花果期：

西北地区 6—8 月，华北、华南地区 5—6 月。

图 1-10　野燕麦

图 1-11　野燕麦麦穗

图 1-12　野燕麦幼苗期

二维码 1-4　图 1-10 至图 1-12 彩图

(3)分布特点

适生于旱地；分布于我国南北各地，以西北、东北地区为害最重。

5. 雀麦

雀麦，别称野麦子，是田间常见的杂草之一，为一年生禾本科杂草。

(1)形态特征

幼苗细弱。胚芽鞘淡绿色或淡红紫色，叶片狭线形，常扭曲，长 5～30 cm，宽 2～8 mm，两面皆生白色柔毛，有时下面无毛(图 1-14、图 1-15)。叶鞘闭合包茎，被白色柔毛。叶舌透明膜质，顶端具不规则裂齿。成株须根细而稠密。秆直立、丛生，高 30～100 cm(图 1-13)。圆锥花序，下垂，长达 20 cm，每节具 3～7 个分枝；每枝近上部着生 1～4 个小穗(图 1-16)；小穗含 7～14 朵小花，上部小花通常不发育，颖披针形，具膜质边缘，第一颖 3～5 脉，第二颖 7～9 脉，外稃椭圆形，边缘膜质，具 7～9 脉，先端具 2 微裂齿，其下约 2 mm 处生芒；第一外稃较长；内稃短于外稃，脊上疏生刺毛；雄蕊 3 枚；子房顶端有毛。颖果线状长圆形，压扁，腹面具沟槽，成熟后紧贴于内外稃。5—7 月抽穗。

图 1-13　雀麦(1)

图 1-14　雀麦(2)

图 1-15　雀麦(3)

图 1-16　雀麦麦穗

二维码 1-5
图 1-13 至图 1-15 彩图

(2)发生规律

雀麦不论是纯种还是在麦田中，出苗时间都极不整齐。土壤墒情好，表层 0～5 cm 土壤湿润，种子与土壤接触紧密，出苗就早。在山东正常播期的小麦田中 10 月下旬至 11 月上旬开始大量出苗，“立冬”后逐渐停止出苗，翌年温度回升后仍有部分可出苗。

雀麦苗期每株可分蘖 3～7 个(条件适宜时还可更多)，有效小穗数 7～43 个，形成具有发芽力的种子 284～600 粒，可见雀麦繁殖力极强。一般情况下繁殖力是小麦的 2～8 倍，成熟后的雀麦籽粒落到麦田，若不防治 2～3 年就会泛滥成灾。

(3)分布特点

主要生长于山坡、荒野、道旁，分布在我国长江、黄河流域各地。

6. 扁穗雀麦

扁穗雀麦，为禾本科雀麦属一年生或短寿命多年生草本植物。

(1)形态特征

扁穗雀麦秆直立，高 60～100 cm，径约 5 mm。叶鞘闭合，被柔毛；叶舌长约 2 mm，具缺刻；叶片长 30～40 cm，宽 4～6 mm，散生柔毛（图 1-17 至图 1-20）。圆锥花序开展，长约 20 cm；分枝长约 10 cm，粗糙，具 1～3 枚大型小穗；小穗两侧极压扁，含 6～11 小花，长 15～30 mm，宽 8～10 mm；小穗轴节间长约 2 mm，粗糙；颖窄披针形，第一颖长 10～12 mm，具 7 脉，第二颖稍长，具 7～11 脉；外稃长 15～20 mm，具 11 脉，沿脉粗糙，顶端具芒尖，基盘钝圆，无毛；内稃窄小，长约为外稃的 1/2，两脊生纤毛；雄蕊 3 枚，花药长 0.3～0.6 mm。颖果与内稃贴生，长 7～8 mm，胚比 1/7，顶端具毛茸。

图 1-17　扁穗雀麦(1)

图 1-18　扁穗雀麦(2)

图 1-19　扁穗雀麦(3)

图 1-20　扁穗雀麦(4)

(2)发生规律

扁穗雀麦喜温暖湿润气候，适宜在夏季不太炎热、冬季温暖地区生长。种子发芽的最低温度为 5 ℃，生长适宜温度为 10～25 ℃，夏季气温超过 35 ℃时生长受阻。在北方地区，如北京、内蒙古、青海等地不能越冬，表现为一年生；在长江以南地区当外界温度下降到 −9 ℃时仍保持绿色，表现为短期多年生。对土壤肥力要求较高，喜肥沃黏重土壤，但也能在盐碱地及酸性土壤中生长。有一定的耐旱能力，不耐水淹。在湖北武汉地区适宜秋季播种，4 月中旬抽穗，5 月中下旬种子成熟。

二维码 1-6
图 1-17 至图 1-20 彩图

(3)分布特点

扁穗雀麦生于山坡荫蔽沟边，常作短期牧草种植，牧草产量较高，质地较粗。我国华东、江苏及内蒙古等地均可引种栽培。

扁穗雀麦原产南美洲的阿根廷，19 世纪 60 年代传入美国。中国最早于 20 世纪 40 年代末期在南京种植，后传入内蒙古、新疆、青海、北京栽培，为一年生。引入云南、四川、贵州、广西等地栽培表现为短期多年生。凡引种过的地区，常可见逸生种。

7. 节节麦

节节麦，又称粗山羊草，为禾本科山羊草属一年生草本植物，为世界性恶性杂草(图 1-21)。

(1)形态特征

节节麦秆高 20～40 cm。叶鞘紧密包茎，平滑无毛而边缘具纤毛；叶舌薄膜质，长 0.5～1 mm；叶片宽约 3 mm，微粗糙，上面疏生柔毛(图 1-22)。穗状花序圆柱形，含 5～13 个小穗(图 1-23、图 1-24)；小穗圆柱形，长约 9 mm，含 3～5 个小花；颖革质，长 4～6 mm，通常具 7～9 脉，或可达 10 脉以上，顶端截平或有微齿；外稃披针形，顶端具长约 1 cm 的芒，穗顶部者长达 4 cm，具 5 脉，脉仅于顶端显著，第一外稃长约 7 mm；内稃与外稃等长，脊上具纤毛。花果期 5—6 月。

(2)发生规律

节节麦在冬小麦田主要以幼苗越冬，也可以种子、分蘖和单株幼苗越冬。冬小麦田节节麦出苗有 2 个时期：一个是秋季出苗期，主要在小麦播种后 15～20 d，于 10 月下旬至 11 月中旬，形成冬前出苗高峰(此期间出苗的杂草约占总数的 70%)；另一个是春季出苗期(2 月下旬至 3 月)。

图 1-21　节节麦为害小麦田

图 1-22　节节麦群体

图 1-23　节节麦麦穗(1)

图 1-24　节节麦麦穗(2)

(3)分布特点

分布于我国陕西、河南、山东、江苏等地，多生于荒芜草地或麦田中。

二维码 1-7

图 1-21 至图 1-24 彩图

8. 早熟禾

早熟禾，别称小鸡草、冷草、小青草等，禾本科早熟禾属一年生或冬性禾草植物。

(1)形态特征

秆直立或倾斜，质软，高 6～30 cm，全体平滑无毛(图 1-25、图 1-26)。叶鞘稍压扁，中部以下闭合；叶舌长 1～5 mm，圆头；叶片扁平或对折，长 2～12 cm，宽 1～4 mm，质地柔软，常有横脉纹，顶端急尖呈船形，边缘微粗糙。

圆锥花序宽卵形，长 3～7 cm，开展；分枝 1～3 枚着生各节，平滑；小穗卵形，含 3～5 朵小花，长 3～6 mm，绿色；颖质薄，具宽膜质边缘，顶端钝，第一颖披针形，长 1.5～3 mm，具 1 脉，第二颖长 2～4 mm，具 3 脉；外稃卵圆形，顶端与边缘宽膜质，具明显的 5 脉，脊与边脉下部具柔毛，间脉近基部有柔毛，基盘无绵毛，第一外稃长 3～4 mm；内稃与外稃近等长，两脊密生丝状毛；花药黄色，长 0.6～0.8 mm。颖果纺锤形，长约 2 mm。

图 1-25　早熟禾(1)

图 1-26　早熟禾(2)

二维码 1-8

图 1-25、图 1-26 彩图

(2)发生规律

一年生或冬性禾草。早熟禾花期 4—5 月,果期 6—7 月。喜光,耐旱性较强,耐阴性也强,可耐 50%~70%郁闭度。在 -20 ℃低温下能顺利越冬,-9 ℃下仍保持绿色,抗热性较差,在气温达到 25 ℃左右时,逐渐枯萎。

(3)分布特点

生长在海拔 100~4 800 m 的平原和丘陵的路旁草地、田野水沟或荫蔽荒坡湿地。为夏熟作物田及蔬菜田杂草。我国大部分地区都有分布,亚洲、欧洲及北美洲温带也广泛分布。

9. 马唐

马唐,又称羊麻、羊粟、马饭、抓根草、鸡爪草,是禾本科马唐属一年生草本植物。

(1)形态特征

秆直立或下部倾斜,膝曲上升,高 10~80 cm,直径 2~3 mm,无毛或节生柔毛(图 1-27、图 1-28)。叶鞘短于节间,无毛或散生疣基柔毛;叶舌长 1~3 mm;叶片线状披针形,长 5~15 cm,宽 4~12 mm,基部圆形,边缘较厚,微粗糙,具柔毛或无毛。

图 1-27　马唐(1)

图 1-28　马唐(2)

总状花序长 5~18 cm,4~12 枚呈指状着生于长 1~2 cm 的主轴上(图 1-29);穗轴直伸或开展,两侧具宽翼,边缘粗糙;小穗椭圆状披针形,长 3~3.5 mm;第一颖小,短三角形,无脉;第二颖具 3 脉,披针形,长为小穗的 1/2 左右,脉间及边缘大多具柔毛;第一外稃等长于小穗,具 7 脉,中脉平滑,两侧的脉间距离较宽,无毛,边脉上具小刺状粗糙,脉间及边缘生柔毛;第二外稃近革质,灰绿色,顶端渐尖,等长于第一外稃;花药长约 1 mm。

图 1-29　马唐花序

二维码 1-9

图 1-27 至图 1-29 彩图

(2)发生规律

马唐在温度低于 20 ℃时，发芽慢，25～40 ℃时发芽最快，种子萌发适宜相对湿度 63%～92%；适宜土层深度 1～5 cm。喜湿喜光，在潮湿多肥的地块生长茂盛，4 月下旬至 6 月下旬发生量大，8—10 月结籽，种子边成熟边脱落，生活力强。成熟种子有休眠习性。

在野生条件下，马唐一般于 5—6 月出苗，7—9 月抽穗、开花，8—10 月结实并成熟。人工种植生育期约 150 d。马唐的分蘖力较强。一株生长良好的植株可以分生出 8～18 个茎枝，个别可达 32 枝之多。故在放牧或刈割的情况下，其再生力是相当强的。据湖南省畜牧兽医研究所的资料，马唐在生长期内能刈割 3～4 次，刈割青草应留茬 10 cm 以上，留茬太低会降低其再生力。

(3)分布特点

马唐是一种优良牧草，但又是为害农田、果园的杂草。马唐是一种生态幅较宽的广布中生植物，从温带到热带的气候条件均能适应。它喜湿、好肥、嗜光照，对土壤要求不严格，在弱酸、弱碱性的土壤上均能良好地生长。它的种子传播快，繁殖力强，植株生长快，分枝多。因此，它的竞争力强，广泛生长在田边、路旁、沟边、河滩、山坡等各类草本群落中，甚至能侵入竞争力很强的狗牙根、结缕草等群落中。

在疏松、湿润、肥沃的撂荒或弃垦的裸地上，马唐往往成为植被演替的先锋种之一，甚至能形成以马唐为优势的先锋群落。在亚热带地区，马唐常与小白酒草、狗尾草、止血马唐等互为优势或亚优势种，形成撂荒地的先锋群落。这类草地年产草量较高，草质好，是农区、半农半牧区及林区的主要放牧地和割草地，具有较高的利用价值。

马唐在我国分布于西藏、四川、新疆、陕西、甘肃、山西、河北、河南及安徽等地。

10. 黑麦草

黑麦草，为禾本科黑麦草属一年生或多年生草本植物。

(1)形态特征

具细弱根状茎。秆丛生，高 30～90 cm，具 3～4 节，质软，基部节上生根(图 1-30、图 1-31)。叶舌长约 2 mm；叶片线形，长 5～20 cm，宽 3～6 mm，柔软，具微毛，有时具叶耳。

图 1-30　黑麦草为害小麦田

图 1-31　黑麦草群体

二维码 1-10
图 1-30 至图 1-32 彩图

穗状花序直立或稍弯，长 10～20 cm，宽 5～8 mm(图 1-32)；小穗轴节间长约 1 mm，平滑无毛；颖披针形，为其小穗长的 1/3，具 5 脉，边缘狭膜质；外稃长圆形，草质，长 5～9 mm，具 5 脉，平滑，基盘明显，顶端无芒，或上部小穗具短芒，第一外稃长约 7 mm；内稃与外稃等长，两脊生短纤毛。颖果长约为宽的 3 倍。

图 1-32　黑麦草花序

(2)发生规律

一年生或多年生草本植物。种子或分根繁殖，花果期 5—7 月。喜温凉湿润气候。适于夏季凉爽、冬季不太寒冷地区生长。10 ℃左右能较好生长，27 ℃以下为生长适宜温度，35 ℃时生长不良。光照强、日照短、温度较低对分蘖有利。温度过高则分蘖停止或中途死亡。

(3)分布特点

生于草甸草场，在路旁湿地易常见。广泛分布于欧洲、亚洲暖温带、非洲北部，是我国各地普遍引种栽培的优良牧草。

11. 雀稗

雀稗是禾本科雀稗属植物，多年生禾草。

(1)形态特征

秆直立(图 1-33)，丛生，高 50～100 cm，节被长柔毛。叶鞘具脊，长于节间，被柔毛；叶舌膜质，长 0.5～1.5 mm；叶片线形，长 10～25 cm，宽 5～8 mm，两面被柔毛(图 1-34)。

总状花序 3～6 枚，长 5～10 cm，互生于长 3～8 cm 的主轴上，形成总状圆锥花序(图 1-35、图 1-36)，分枝腋间具长柔毛；穗轴宽约 1 mm；小穗柄长 0.5 mm 或 1 mm；小穗椭圆状倒卵形，长 2.6～2.8 mm，宽约 2.2 mm，散生微柔毛，顶端圆或微凸；第二颖与第一外稃相等，膜质，具 3 脉，边缘有明显微柔毛。第二外稃等长于小穗，革质，具光泽。5 脉，秃净或被柔毛；不孕小花的外稃近边缘有皱纹，有脉 5 条；结实小花的外稃拱凸状，薄革质，边缘窄内卷，包围着内稃。秋季抽穗。花果期 5—10 月。

根系发达，根可深入土壤 1.5～2 m。有粗壮的辫子状匍匐茎，形成稠密的草皮，节间短，长约 1 cm，分蘖能力强，茎秆空心，高 15～16 cm，与叶片共同形成 40 cm 左右高度郁闭的草丛。

(2)发生规律

多年生草本植物，以种子繁殖。在中国亚热带地区可四季常青，以夏秋季节生长最茂盛，冬季下霜期间生长停止，叶尖发黄，霜期过后即恢复生长。种子在气温稳定在 20 ℃时即可萌发，3 月播种，4 月出全苗，出苗 2 周后即进入分蘖期，5 月下旬拔节，6 月下旬抽穗，7 月中旬开花，8 月中旬大量结实。花果期较长，1 年可收种子 2 次，每亩可产种子 25～30 kg。

图 1-33 雀稗

图 1-34 雀稗群体

图 1-35 雀稗花序(1)

图 1-36 雀稗花序(2)

(3)分布特点

生于荒野、路边及潮湿处，是低湿田边常见杂草，农田数量不多。分布于华东、华中、西南、华南各地区。日本、朝鲜、不丹、印度等国家也有分布。

二维码 1-11
图 1-33 至图 1-36 彩图

12. 硬草

硬草为一年生或多年生禾本科硬草属草本植物。

(1)形态特征

秆簇生，高 5～15 cm，自基部分枝，膝曲上升(图 1-37、图 1-38)。叶鞘平滑无毛，中部以下闭合(图 1-39)；叶舌短，膜质，顶端尖；叶片线状披针形，无毛，表面粗糙。圆锥花序长约 5 cm，紧密(图 1-40)；分枝粗短；小穗含 3～5 朵小花，线状披针形，长达 10 mm，第一颖长约为第二颖长的 1/2，具 3～5 脉；外稃革质，具脊，顶端钝，具 7 脉。

图 1-37　硬草为害小麦田

图 1-38　硬草

图 1-39　硬草叶鞘

图 1-40　硬草花序

二维码 1-12
图 1-37 至图 1-40 彩图

(2)发生规律

一年生或多年生禾本科植物，种子繁殖，种子在土壤中的适宜出苗深度为 0.12～2.4 cm，深度超过 2.4 cm 难以出苗，分蘖力强，单株分蘖 6 个左右，分枝双生。秋季播麦后日平均温度 16～18 ℃时 3～5 d 可形成出草高峰，即小麦出苗后至 1 叶期。稻茬麦田出现在播后 20～25 d，次年 3 月出现第二个出草高峰。花果期 4—5 月。

(3)分布特点

适生在 pH 7～8.5 的砂壤土上。为夏熟作物田杂草，在稍盐碱性的土壤发生数量较大，淮北地区为其为害的重发区。主要分布在田边地头和田间地势低洼处，密度高、为害重。稻麦连作田块的发生量显著高于水旱轮作田块。秋播时阴雨天多或田间湿度大，杂草发生量大。我国东北、华北、西北、华东、西南等各省区有较为广泛的分布。欧洲、地中海地区、俄罗斯、小亚细亚、伊朗、亚洲喜马拉雅地区均有分布。

13. 芦苇

芦苇，多年水生或湿生的高大禾草，禾本科芦苇属植物。

(1)形态特征

根茎：多年生根状茎十分发达。秆直立，高 1～8 m，直径 1～4 cm，具 20 多节(图 1-41)，基部和上部的节间较短，最长节间位于下部第 4～6 节，长 20～40 cm，节下被蜡粉。

叶：芦苇的叶鞘下部短于上部，长于其节间(图 1-42)；叶舌边缘密生一圈长约 1 mm 的短纤毛，两侧缘毛长 3～5 mm，易脱落；叶片披针状线形，长 30 cm，宽 2 cm，无毛，顶端长渐尖成丝形。

花：芦苇为大型圆锥花序，长 20～40 cm，宽约 10 cm，分枝多数，长 5～20 cm，着生稠密下垂的小穗(图 1-43)；小穗柄长 2～4 mm，无毛；小穗长约 12 mm，含 4 花；颖具 3 脉，第一颖长约 4 mm；第二颖长约 7 mm；第一不孕外稃雄性，长约 12 mm，第二外稃长约 11 mm，具 3 脉，顶端长渐尖，基盘延长，两侧密生等长于外稃的丝状柔毛，与无毛的小穗轴相连接处具明显关节，成熟后易自关节上脱落；内稃长约 3 mm，两脊粗糙；雄蕊 3 枚，花药长 1.5～2 mm，黄色；颖果长约 1.5 mm。

图 1-41 芦苇

图 1-42 芦苇苗期

图 1-43 芦苇花序

(2)发生规律

芦苇生在浅水中或低湿地，新垦麦田或其他水田、旱田易受害。芦苇具有横走的根状茎，在自然环境中以根状茎繁殖为主，根状茎纵横交错形成网状，甚至在水面形成较厚的根状茎层，人、畜可以在上面行走。根状茎具有很强的生命力，能较长时间埋在地下，1 m 甚至 1 m 以上的根状茎，一旦条件适宜，仍可发育成新枝，也能以种子繁殖，种子可随风传播。

二维码 1-13

图 1-41 至图 1-43 彩图

对水分的适应幅度很宽，从土壤湿润到长年积水，从水深几厘米至 1 m 以上，都能形成芦苇群落。在水深 20～50 cm，流速缓慢的河、湖，可形成高大的禾草群落，素有“禾草森林”之称。

在华北平原白洋淀地区发芽期 4 月上旬，展叶期 5 月初，生长期 4 月上旬至 7 月下旬，孕穗期 7 月下旬至 8 月上旬，抽穗期 8 月上旬到下旬，开花期 8 月下旬至 9 月上旬，种子成熟期

10月上旬，落叶期10月底以后。上海地区3月中、下旬从地下根茎长出芽，4—5月大量发生，9—10月开花，11月结果。黑龙江省5—6月出苗，当年只进行营养生长，7—9月形成越冬芽，越冬芽于翌年5—6月萌发，7—8月开花，8—9月成熟。

（3）分布特点

生于湿地、浅滩、盐碱地，为水稻田及旱田杂草。北方低洼地区农田普遍发生，内河流域及黄河流域局部地区尤以新垦农田为害较重，几乎遍及全国。全球温带地区都有分布。

14. 狗尾草

狗尾草，又称谷莠子、莠，禾本科狗尾草属一年生草本植物。

（1）形态特征

成株，秆高20～60 cm，丛生，直立或倾斜，基部偶有分枝（图1-44）。叶片线状披针形，顶端渐尖，基部圆形，长6～20 cm，宽2～18 mm；叶舌膜质，长1～2 mm，具毛环。圆锥花序紧密，呈圆柱状，长2～10 cm，直立或微倾斜（图1-45）；小穗长2～25 mm，2至数枚成簇生于缩短的分枝上，基部有刚毛状小枝1～6条，成熟后与刚毛分离而脱落；第一颖长为小穗的1/3，具1～3脉；第二颖与小穗等长或稍短，具5～6脉；第一小花外稃与小穗等长，具5脉；第二小花外稃较第一小花外稃短，有细点状皱纹，成熟时背部稍隆起，边缘卷抱内稃。

图1-44 狗尾草成株

图1-45 狗尾草花序

籽实，颖果近卵形，腹面扁平，脐圆形，乳白色带灰色，长1.2～1.3 mm，宽0.8～0.9 mm。

幼苗，第一叶倒披针状椭圆形，先端锐尖，长8～9 mm，宽2.3～2.8 mm，绿色，无毛，叶片近地面，斜向上伸出；第2～3叶狭倒披针形，先端尖，长20～30 mm，宽2.5～4 mm，叶舌毛状，叶鞘松弛，被绿色粗毛。叶耳处有紫红色斑。

（2）发生规律

一年生草本。夏秋季抽穗。种子繁殖。

（3）分布特点

荒野、路边等环境发生最多，为秋熟旱作物地主要杂草之一，耕作粗放地尤为严重；对玉米、大豆、谷子、高粱、马铃薯、甘薯和果、桑、茶园为害更甚（图1-46），是水稻细菌性褐斑病及粒黑穗病的寄主，也是黏虫和棉苗小地老虎的传播媒介。

图 1-46 狗尾草田间为害

二维码 1-14 图 1-44 至图 1-46 彩图

15. 牛筋草

牛筋草，又称蟋蟀草、千千踏、忝仔草、粟仔越、野鸡爪、粟牛茄草，禾本科䅟属一年生草本植物。

(1)形态特征

幼苗时期，种子留土萌发。幼苗全株扁平状(图 1-47)。第一片真叶呈带状披针形，长 9 mm，宽 2 mm，先端急尖，有 9 条直出平行脉，叶片与叶鞘之间有 1 环状叶舌，其顶端呈细齿裂，但无叶耳，叶鞘向内对折，与第二片真叶的叶鞘成为套折，叶片与叶鞘均光滑无毛。

成株时期，根系极发达。秆丛生，基部倾斜，高 10～90 cm(图 1-48)。叶鞘两侧压扁而具脊，松弛，无毛或疏生疣毛；叶舌长约 1 mm；叶片平展，线形，长 10～15 cm，宽 3～5 mm，无毛或上面被疣基柔毛。穗状花序 2～7 个指状着生于秆顶，有时其中 1 枚或 2 枚生于其花序的下方，长 3～10 cm，宽 3～5 mm，穗轴顶端生有小穗。小穗密集于穗轴的一侧成两行排列，两侧扁，无柄，长 4～7 mm，宽 2～3 mm，含 3～6 朵小花；两颖不等长，颖披针形，具脊，脊粗糙；第一颖长 1.5～2 mm，具 1 脉；第二颖长 2～3 mm，具 5 脉；小穗成熟时自颖上脱落，内含 4～6 朵小花，第一外稃长 3～4 mm，卵形，膜质，具脊，脊上有狭翼，内稃短于外稃，具 2 脊。脊上具狭翼。鳞被 2，折叠，具 5 脉。

图 1-47 牛筋草(1)

图 1-48 牛筋草(2)

二维码 1-15

图 1-47、图 1-48 彩图

囊果，果皮膜质，白色，内含 1 粒种子。种子卵形，长 1～1.5 mm，宽 0.5～0.6 mm，种皮红褐色或黑褐色，表面有极明显的隆起波状纵纹，纹间有细而密的横纹，背部隆起成脊，腹部具浅纵沟，胚卵形，长约占果体的 1/3。

(2)发生规律

5 月出苗，一般颖果于 7—10 月陆续成熟，边成熟边脱落。种子经冬季休眠后萌发，种子在 0～1 cm 深土中发芽率高，深 3 cm 以上基本不发芽。

(3)分布特点

生长于旱作地、果园、苗圃等，中国南北各省区遍地都有，广泛分布于全世界温带和热带地区。

16. 狗牙根

狗牙根，又称绊根草、爬根草，禾本科狗牙根属低矮草本植物。

(1)形态特征

秆细而坚韧，下部匍匐地面蔓延生长，节上常生不定根，秆高可达 30 cm，秆壁厚，光滑无毛，有时轻微两侧压扁(图 1-49)。成株有地下根茎。茎匍匐地面，上部及着花枝斜向上，花序轴直立(图 1-50)。叶鞘有脊，鞘口常有柔毛；叶舌短，有纤毛；叶片线形，互生，下部者因节间短缩似对生。穗状花序，3～6 枚呈指状簇生于秆顶；小穗灰绿色或带紫色，长 2～2.5 mm，通常有 1 朵小花；颖在中脉处形成背脊，有膜质边缘，长 1.5～2 mm，和第二颖等长或稍长；外稃草质，与小穗等长，具 3 脉，脊上有毛，内稃与外稃近等长，有 2 脊；花药黄色或紫色。

籽实，颖果矩圆形，长约 1 mm，淡棕色或褐色，顶端具宿存花柱，无毛茸；脐圆形，紫黑色；胚矩圆形，凸起。

幼苗，子叶留土；第一片真叶带状，先端急尖，缘具极细的刺状齿，叶片有 5 条直出的平行脉；叶舌膜质环状，顶端细齿裂，叶鞘紫红色；第二片真叶线状披针形，有 9 条直出的平行脉。

图 1-49　狗牙根茎

图 1-50　狗牙根

(2)发生规律

多年生草本。萌发出苗期 3—5 月，花果期 6—10 月。多以根茎或匍匐茎繁殖，种子也可繁殖。

(3)分布特点

为玉米田、果园、桑园、茶园主要杂草之一。经营粗放果园，为害尤为严重，由于其植株的根茎和匍匐茎着土，难以防除。也多生于路边、宅旁、村庄附近、道旁河岸、荒地山坡。在我国分布于黄河流域及以南各地，也广泛分布于暖温带及亚热带。多生长于村庄附近、道旁河岸、荒地山坡。

二维码 1-16
图 1-49 至图 1-50 彩图

17. 稗草

稗草，又称稗子，禾本科稗属一年生草本植物。

(1)形态特征

成株，秆光滑无毛，高 40～120 cm(图 1-51)。叶条形，宽 5～14 mm，无叶舌。圆锥花序尖塔形，较开展，粗壮，直立，长 14～18 cm，主轴具棱，分枝 10～20 个，长 3～6 cm，基部被有疣基硬刺毛，分枝为穗形总状花序，并生或对生于主轴，斜上举或贴生，下部排列稍疏离，上部密接，小枝上有小穗 4～7 个(图 1-52)；小穗长 3～4 mm(芒除外)，密集于穗轴的一侧，脉上被疣基刺手，第一颖三角形长约为小穗的 1/3，具 3 或 5 脉，第二颖有长尖头，具 5 脉。与第一小花的外稃近等长；第一小花之外稃具 5～7 脉，先端延伸成 0.5～3 cm 的芒，内稃与外稃近等长，膜质透明；第二小花外稃平凸状，椭圆形，长 2.5～3 mm，平滑光亮，成熟后变硬，顶端具小尖头，边缘内卷，紧包内稃，顶端露出。

籽实，颖果椭圆形，长 2.5～3.5 mm，凸面有纵脊，黄褐色。

幼苗，子叶留土。第一片真叶线状披针形，有 15 条直出平行脉，叶鞘长 3.5 cm，叶片与叶鞘间的分界不显著，无叶耳、叶舌；第二片真叶与前者相似。

图 1-51　稗草成株

图 1-52　稗草花序

(2)发生规律

一年生草本植物，生于水田、田边、菜园、茶园、果园、苗圃及村落房屋周围隙地。通过猪、牛消化道排出的稗草种子仍有一部分能发芽，所以田间稗草的侵染来源除混入作物种子中和本田残留外，厩肥也是来源之一。春季，气温 10 ℃以上时开始出苗，6 月中旬抽穗开花，6 月下旬开始成熟，一般比水稻成熟期要早。

(3)分布特点

喜温暖、潮湿环境，适应性强，是水稻田为害最严重的恶性杂草。与水稻的伴生性强，极难清除，也发生于潮湿旱地，为害玉米、棉花、大豆等秋熟旱作物(图 1-53)。全国水稻种植区均有分布。原产于欧洲和印度，是一种世界性的恶性杂草。

图 1-53 稗草田间为害

二维码 1-17 图 1-51 至图 1-53 彩图

18. 画眉草

画眉草，又称蚊子草、星星草、榧子草，禾本科画眉草属一年生草本植物。

(1)形态特征

成株，秆丛生，直立或基部膝曲上升，高 15～60 cm(图 1-54)。叶鞘疏松裹茎，长于或短于节间，扁压，鞘口有长柔毛；叶舌为一列纤毛，长约 0.5 mm；叶片线形扁平或内卷，长 6～20 cm，宽 2～3 mm，无毛。圆锥花序较开展，长 10～25 cm(图 1-55)，分枝单生、簇生或轮生，腋间有长柔毛；小穗长 3～10 mm，有 4～14 朵小花，成熟后暗绿色或带紫色；颖膜质，披针形，第一颖长约 1 mm，无脉；第二颖长约 1.5 mm，具 1 脉；第一外稃广卵形，长约 2 mm，具 3 脉；内稃长约 1.5 mm，稍作弓形弯曲，脊上有纤毛，迟落或宿存；雄蕊 3 枚，花药长约 0.3 mm。

籽实，颖果长圆形，长约 0.8 mm。

幼苗，子叶留土。第一片真叶线形，长 1 cm，宽 0.8 mm，先端钝尖，叶缘具细齿，直出平行脉 5 条；叶鞘边缘上端有柔毛，无叶舌、叶耳；第二片真叶线状披针形，直出平行脉 7 条，叶舌、叶耳均呈毛状；第三片叶与前者相似。

(2)发生规律

一年生草本。花果期 8—11 月。种子繁殖。

(3)分布特点

喜生于湿润而肥沃的土壤，常生于耕地、田边、路旁和荒芜的田野、草地上(图 1-56)，为秋收作物田常见杂草，发生量较小，为害较轻。分布于温暖地区。

图 1-54　画眉草成株

图 1-55　画眉草花序

图 1-56　画眉草田间为害

二维码 1-18　图 1-54 至图 1-56 彩图

19. 白茅

白茅,禾本科白茅属多年生草本植物。

(1)形态特征

具粗壮的长根状茎。秆直立,高 30～80 cm,具 1～3 节,节无毛(图 1-57)。叶鞘聚集于秆基,长于其节间,质地较厚,老后破碎呈纤维状;叶舌膜质,长约 2 mm,紧贴其背部或鞘口具柔毛,分蘖叶片长约 20 cm,宽约 8 mm,扁平,质地较薄;秆生叶片长 1～3 cm,窄线形,通常内卷,顶端渐尖呈刺状,下部渐窄,或具柄,质硬,被有白粉,基部上面具柔毛。圆锥花序稠密,长 20 cm,宽 3 cm,小穗长 4.5～5 mm,基盘具长 12～16 mm 的丝状柔毛(图 1-58);两颖草质及边缘膜质,近相等,具 5～9 脉,顶端渐尖或稍钝,常具纤毛,脉间疏生长丝状毛,第一外稃卵状披针形,长为颖片的 2/3,透明膜质,无脉,顶端尖或齿裂,第二外稃与其内稃近相等,长约为颖的 1/2,卵圆形,顶端具齿裂及纤毛;雄蕊 2 枚,花药长 3～4 mm;花柱细长,基部连合,柱头紫黑色,羽状,长约 4 mm,自小穗顶端伸出。颖果椭圆形,长约 1 mm,胚长为颖果的 1/2。

图 1-57　白茅群体

图 1-58　白茅花

(2)发生规律

花果期 4—6 月。适应性强，耐阴、耐瘠薄和干旱，喜湿润疏松土壤，在适宜的条件下，根状茎可长达 2～3 m，能穿透树根，断节再生能力强。

(3)分布特点

分布于我国辽宁、河北、山西、山东、陕西、新疆等北方地区；在非洲北部、土耳其、伊拉克、伊朗、中亚、高加索及地中海等地区也有分布。生于低山带、平原、河岸草地、砂质草甸、荒漠与海滨。

20. 虎尾草

虎尾草，别称棒槌草、刷子头、盘草，是禾本科虎尾草属一年生草本植物。

图 1-59　虎尾草

(1)形态特征

秆直立或基部膝曲，光滑无毛(图 1-59)。叶鞘背部具脊，包卷松弛；无毛或具纤毛；叶片线形，两面无毛或边缘及上部粗糙。穗状花序 5～10 枚，长 1.5～5 cm，指状着生于秆顶，常直立而并拢成毛刷状，有时包藏于顶叶的膨胀叶鞘中，成熟时常带紫色；小穗无柄，第一小花两性，外稃纸质，两侧压扁，呈倒卵状披针形，沿脉及边缘被疏柔毛或无毛，芒自背部顶端稍下方伸出，脊上被微毛；第二小花不孕，长楔形，仅存外稃，顶端截平或略凹，自背部边缘稍下方伸出。颖果纺锤形，淡黄色，光滑无毛而半透明。

二维码 1-19

图 1-57 至图 1-59 彩图

(2)发生规律

种子繁殖。5 月初萌发幼苗，5 月中下旬出现高峰，以后随降水或灌溉出现 1～2 个高峰，6—7 月仍屡见幼苗发生。花果期 7—10 月。种子经冬眠后萌发。

(3)分布特点

多生于路旁、荒野、河岸沙地、土墙及房顶上。

二、菊科

1. 飞蓬

飞蓬，又称小蓬草、小白酒草、加拿大蓬、小飞蓬。菊科飞蓬属一年生或多年生草本植物。

(1)形态特征

成株，株高 40～120 cm。茎直立，有明显条纹及脱落性疏长毛，上部多分枝(图 2-1)。基生叶近匙形；上部叶线形或线状披针形，全缘或有齿裂，边缘有睫毛。头状花序直径 4～5 mm，有短梗，密集成圆锥状或伞状圆锥花序(图 2-2)；头状花序外围花雌性，细筒状，长约 3 mm，先端有舌片，白色或紫色；管状花位于花序内，长约 2.5 mm，檐部 4 齿裂，稀少为 3 齿裂。

图 2-1　飞蓬(1)

图 2-2　飞蓬(2)

籽实，瘦果长圆形，长 1.2～1.5 mm，稍扁平，淡褐色，被微毛；冠毛刚毛状，长 2.5～3 mm，污白色。

幼苗，主根发达。下胚轴不发达。子叶对生，阔椭圆形或卵圆形，长 3～4 mm，宽 1.5～2 mm，基部逐渐狭窄成叶柄；初生叶 1 片，椭圆形，长 5～7 mm，宽 4～5 mm，先端有小尖头，两面疏生伏毛，边缘有纤毛，基部有细柄；第二及第三叶和初生叶相似，但毛更密，两侧边缘有单个小齿。

二维码 2-1
图 2-1、图 2-2 彩图

(2)发生规律

花果期 7—10 月。种子繁殖，以幼苗或种子越冬。

(3)分布特点

多生于干燥、向阳的土地上，在牧场、草原、河滩及路边常形成大片草丛。分布于黑龙江、吉林、辽宁、内蒙古、河北、山西、陕西、河南、山东、江苏、浙江、江西、湖北、四川、贵州、云南等地区；原产于北美，现遍布全球温带地区。

2. 泥胡菜

泥胡菜，又称猪兜菜、剪刀草、石灰菜、苦马菜。菊科泥胡菜属一年生草本植物。

(1)形态特征

幼苗时期，种子出土萌发。子叶阔卵形，长 5 mm，宽 3.5 mm，先端钝圆，全缘，叶基圆形，无毛，具短柄。下胚轴明显，上胚轴不发育。初生叶 1 片，互生，单叶，阔卵形，先端急尖，叶缘具尖齿，叶基近圆形，羽状叶脉，主要特点是叶背面密被白色蜘蛛状毛，具长柄。后生叶，互生，椭圆形，其他与初生叶相似。

成株时期，植株高 30～80 cm，茎直立，具纵棱，光滑或有白色蛛丝状毛。基部叶呈莲座状(图 2-3)，具柄，倒披针形或倒披针状椭圆形，长 10～20 cm，提琴状羽状分裂；顶裂片较大，三角形，有时 3 裂；两侧裂片 7～8 对，长椭圆状倒披针形；上面绿色，下面密被白色蛛丝状毛。中部叶椭圆形，先端渐尖，基部无柄，羽状分裂。上部叶线状披针形至线形。头状花序，多数，具花序梗(图 2-4)。总苞球形，长 12～14 mm，总苞片 5～8 层；外层苞片卵形，先端尖，背面顶端具鸡冠状突起，绿色或紫褐色；中层苞片长圆形；内层苞片线状披针形；中层以内总苞片顶端紫红色，背面小鸡冠状突起渐不明显。花冠管状，紫红色，长 13～14 mm，管部比裂片长约 5 倍。

图 2-3 泥胡菜(1)

图 2-4 泥胡菜(2)

瘦果矩椭圆形，稍扁，略弯曲，长 2.2～2.6 mm，宽 0.7～1 mm；顶端截平，衣领状环边缘有波状齿，冠毛 2 层，长 10～11 mm，外层鳞片状，内层羽状，白色(成熟时易脱落)。果皮淡紫红色或橘黄色，表面具 15 条纵棱，棱细而突起，棱间光滑。果实基部渐窄，果脐圆形，凹陷，位于基端。果内含 1 粒种子，种皮膜质，胚直生，无胚乳。

二维码 2-2

图 2-3、图 2-4 彩图

(2)发生规律

泥胡菜是一种野生牧草，喜湿，耐微碱，花果期 3—8 月。泥胡菜花籽成熟后随风传播，一年四季都可以繁殖。

(3)分布特点

生长于海拔 50～3 280 m 路旁、荒地、田野、山坡或水塘边，在较湿润的丘陵、山谷、溪边和荒山草坡等处分布较多。除新疆、西藏外，我国各地均有分布。朝鲜、日本、中南半岛、南亚及澳大利亚普遍分布。

3. 小蓟

小蓟，又称刺儿菜，菊科刺儿菜属多年生草本植物。

(1)形态特征

成株，除地下有直根外，还有水平生长产生的不定芽的根。茎直立，幼茎被白色蛛丝状毛，有棱，高 30～50 cm(图 2-5)。单叶互生，缘具刺状齿，基生叶早落，下部和中部叶椭圆状披针形，长 7～10 cm，宽 1.5～2.5 cm，两面被白色蛛丝状毛，幼叶尤为明显，中、上部叶有羽状浅裂(图 2-6)。雌雄异株，雄株头状花序较小，雌株花序较大，总苞片多层，外层短，中层以内先端长渐尖，具刺；花冠紫红色，雄花花冠长 15～20 mm，其中花冠裂片长 10 mm，雌花花冠长 25 mm，其中花冠裂片长 5 mm；花药紫红色，雌花退化雄蕊存在，长约 2 mm。

图 2-5　小蓟(1)

图 2-6　小蓟(2)

籽实，瘦果椭圆形或长卵形，略扁，表面浅黄色至褐色；有波状横皱纹，每面具 1 条明显的纵脊；顶端截形。冠毛白色，羽毛状，脱落性。

幼苗，子叶出土，叶片呈阔椭圆形，长 6.5 mm，宽 5 mm，稍歪斜，全缘，基部楔形。下胚轴发达，上胚轴不发育。初生叶 1 片，椭圆形，缘具齿状刺毛，叶片无毛，随之出现的后生叶与初生叶成对生。

(2)发生规律

苗期 3—4 月，花果期 5—6 月。利用在水平生长根上产生不定芽繁殖或种子繁殖。如切断水平生长的根，则每段都能萌生成新株，借以迅速繁殖扩散。

二维码 2-3

图 2-5、图 2-6 彩图

(3)分布特点

为麦、棉、豆和甘薯田的主要为害性杂草,在麦类生长后期和棉、豆等生长早期,为害较重,多发生于土壤疏松的旱性田地,是果、桑园的主要杂草;又为棉蚜、向日葵菌核病的寄主,间接为害作物。全国均有分布和为害;朝鲜和日本也有分布。

4. 苣荬菜

苣荬菜,为菊科苦苣菜属多年生草本植物。

(1)形态特征

茎直立,高 30～150 cm,有细条纹(图 2-7),上部或顶部有伞房状花序分枝,花序分枝与花序梗被稠密的头状具柄的腺毛。基生叶多数,与中下部茎叶全形倒披针形或长椭圆形,羽状或倒向羽状深裂、半裂或浅裂(图 2-8),整株长 6～24 cm,高 1.5～6 cm,侧裂片 2～5 对,偏斜半椭圆形、椭圆形、卵形、偏斜卵形、偏斜三角形、半圆形或耳状,顶裂片稍大,长卵形、椭圆形或长卵状椭圆形;全部叶裂片边缘有小锯齿或无锯齿而有小尖头;上部茎叶及接花序分枝下部的叶披针形或线钻形,小或极小;全部叶基部渐窄成长或短翼柄,但中部以上茎叶无柄,基部圆耳状扩大半抱茎,顶端急尖、短渐尖或钝,两面光滑无毛。

头状花序在茎枝顶端排成伞状花序。总苞钟状,长 1～1.5 cm,宽 0.8～1 cm,基部有稀疏或稍稠密的长或短茸毛。总苞片 3 层,外层披针形,长 4～6 mm,宽 1～1.5 mm,中内层披针形,长 1.5 cm,宽 3 mm;全部总苞片顶端长渐尖,外面沿中脉有 1 行头状具柄的腺毛。舌状小花多数,黄色(图 2-9、图 2-10)。瘦果稍压扁,长椭圆形,长 3.7～4 mm,宽 0.8～1 mm,每面有 5 条细肋,肋间有横皱纹。冠毛白色,长 1.5 cm,柔软,彼此纠缠,基部连合成环。

图 2-7 苣荬菜

图 2-8 苣荬菜幼苗期

图 2-9　苣荬菜花期

图 2-10　苣荬菜的花

(2)发生规律

二维码 2-4

图 2-7 至图 2-10 彩图

苣荬菜主要靠地下匍匐茎繁殖，也有靠种子繁殖的。花期 7 月至翌年 3 月，果期 8—10 月至翌年 4 月。4 月初野生苣荬菜嫩芽破土时，刨其地下根茎，用高压水枪冲洗掉泥土，按照匍匐茎上节间的长度用铡刀截成 5～10 cm 的短节。苣荬菜的地下匍匐茎是肉质茎，容易失水萎蔫，短截后要及时栽植，以防失水过多降低成活率。定植时，在分割好的地块内沿南北方向开深 10 cm、行距 15 cm 的浅沟，将苣荬菜地下根茎短节按株距 5 cm 平放在沟底，然后覆土将沟填平，浇定根水。浇水 5 d 后，待地面不粘鞋时铺一层麦草，保持地表湿润，以防地表板结影响幼苗出土。地表覆盖麦草后要及时抽样检查，如有 60%幼苗已破土生长，要及时揭去草帘，使幼苗见光生长。

(3)分布特点

生长于海拔 300～2 300 m 的山坡草地、林间草地、潮湿地、近水旁、村边或河边砾石滩。全球均有分布。我国主要分布在陕西、甘肃、宁夏、新疆、浙江、福建、湖北、湖南、广东、广西、海南、四川、云南、贵州、西藏、辽宁等地区。

5. 苦苣菜

苦苣菜，为菊科苦苣菜属一年生或二年生草本植物。

(1)形态特征

根圆锥状，垂直直伸，有多数纤维状的须根。茎直立，单生，高 40～150 cm，有纵条棱或条纹，不分枝或上部有短的伞房花序状或总状花序式分枝，全部茎枝光滑无毛，或上部花序分枝及花序梗被头状具柄的腺毛(图 2-11)。

基生叶羽状深裂，长椭圆形或倒披针形；或大头羽状深裂，倒披针形；或基生叶不裂，椭圆形、椭圆状戟形、三角形、三角状戟形或圆形，全部基生叶基部渐狭成长或短翼柄；中下部茎叶羽状深裂或大头状羽状深裂，椭圆形或倒披针形，长 3～12 cm，宽 2～7 cm，基部急狭成翼柄，翼狭窄或宽大，向柄基且逐渐加宽，柄基圆耳状抱茎，顶裂片与侧裂片等大或较大或大，宽三角形、戟状宽三角形、卵状心形，侧生裂片 1～5 对，椭圆形，常下弯，全部裂片顶端急尖或渐尖，下部茎叶或接花序分枝下方的叶与中下部茎叶同型并等样分裂或不分裂，呈披针形或线状披针形，顶端长渐尖，下部宽大，基部半抱茎；全部叶或裂片边缘及抱茎小耳边缘有大小不等的急尖锯齿或大锯齿或上部及接花序分枝处的叶，边缘大部全缘或上半部边缘全缘，顶端急尖或渐尖，两面光滑无毛，质地薄（图 2-12、图 2-13）。

头状花序少数为在茎枝顶端排列紧密的伞房花序或总状花序或单生于茎枝顶端。总苞宽钟状，长 1.5 cm，宽 1 cm；总苞片 3～4 层，覆瓦状排列，向内层渐长；外层长披针形或长三角形，长 3～7 mm，宽 1～3 mm，中内层长披针形至线状披针形，长 8～11 mm，宽 1～2 mm；全部总苞片顶端长急尖，外面无毛，外层或中内层上部沿中脉有少数头状具柄的腺毛。舌状小花多数呈黄色（图 2-14、图 2-15）。

瘦果褐色，长椭圆形或长椭圆状倒披针形，长 3 mm，宽不足 1 mm，压扁，每面各有 3 条纵肋脉，肋间有横皱纹，顶端狭，无喙，冠毛白色，长 7 mm，单毛状，彼此纠缠。

（2）发生规律

有种子繁殖和根茎繁殖两种方式。花果期 6 月至 9 月。种子繁殖春、夏、秋季均可进行，一般以春播为主，夏秋播为辅。春播可利用温床育苗提早上市，夏季露地直播须防止徒长，深秋播种应在保护设施中进行。根茎繁殖应挖取野生苦苣菜的母根，摘除老叶，按株距 15 cm、行距 25 cm，开沟 8～10 cm 定植。栽后立即浇定根水，水渗后覆土，以不露母根为度。

图 2-11　苦苣菜

图 2-12　苦苣菜的种子

图 2-13　苦苣菜苗期

图 2-14　苦苣菜花期

图 2-15　苦苣菜的花

二维码 2-5

图 2-11 和图 2-15 彩图

(3)分布特点

分布于全球温带及亚热带地区，于海拔 170～3 200 m 的地区生长，多生长在林下、山坡、平地、田间、空旷处、山谷林缘或近水处。

6. 苍耳

苍耳，为菊科苍耳属一年生草本植物。

(1)形态特征

高 20～90 cm。根纺锤状，分枝或不分枝。茎直立不分枝或少有分枝，下部圆柱形，直径 4～10 mm，上部有纵沟，被灰白色糙伏毛(图 2-16、图 2-17)。

叶三角状卵形或心形，长 4～9 cm，宽 5～10 cm，近全缘(图 2-18)，或有 3～5 片不明显浅裂，顶端尖或钝，基部稍心形或截形，与叶柄连接处呈相等的楔形，边缘有不规则的粗锯齿，有三基出脉，侧脉弧形，直达叶缘，脉上密被糙伏毛，上面绿色，下面苍白色，被糙伏毛；叶柄长 3～11 cm。

雄性的头状花序呈球形，直径 4～6 mm，有或无花序梗，总苞片长圆状披针形，长 1～1.5 mm，被短柔毛，花托柱状，托片倒披针形，长约 2 mm，顶端尖，有微毛，有多数的雄花，花冠钟形，管部上端有 5 个宽裂片；花药长圆状线形；雌性的头状花序呈椭圆形，外层总苞片小，披针形，长约 3 mm，被短柔毛，内层总苞片结合成囊状，宽卵形或椭圆形，绿色、淡黄绿色或有时带红褐色。

在瘦果成熟时变坚硬，连同喙部长 12～15 mm，宽 4～7 mm，外面有疏生的具钩状的刺，刺极细而直，基部微增粗或几乎不增粗，长 1～1.5 mm，基部被柔毛，常有腺点，或全部无毛；喙坚硬，锥形，上端略呈镰刀状，长 2.5 mm，常不等长，少有结合而成 1 个喙。瘦果 2，呈倒卵形(图 2-19)。

(2)发生规律

种子繁殖，种子发芽的适宜温度为 15～20 ℃，适宜土层深度为 3～5 cm，最深深度为 13 cm。在我国北方 4—5 月萌发，7—8 月开花，8—9 月结果。种子粗壮，生活力强，经休眠后萌发。

(3)分布特点

苍耳多生长在平原、丘陵、低山、荒野、路边、沟旁、田边、草地、村旁等地。苍耳喜生长在土质松软深厚、水源充足及肥沃的地块上,pH 5 左右。提高土壤的通透性,增强土壤的肥力,能够促进苍耳种子发芽及营养吸收。全国各地均有分布,是农田常见杂草,主要为害果树、棉花、大豆、玉米、谷子等作物。俄罗斯、伊朗、印度、朝鲜和日本也有分布。

图 2-16 苍耳幼苗期

图 2-17 苍耳成株期

图 2-18 苍耳的叶子

图 2-19 苍耳的种子

7. 蒲公英

二维码 2-6

图 2-16 至图 2-19 彩图

蒲公英,别称黄花地丁、婆婆丁、华花郎等,为菊科蒲公英属多年生草本植物。

(1)形态特征

根略呈圆锥状,弯曲,长 4～10 cm,表面棕褐色,皱缩,根头部有棕色或黄白色的茸毛。叶成倒卵状披针形、倒披针形或长圆状披针形,长 4～20 cm,宽 1～5 cm,先端钝或急尖,边缘有时具波状齿或羽状深裂,有时倒向羽状深裂或大头羽状深裂,顶端裂片较大,三角形或三角状戟形,全缘或具齿,每侧裂片 3～5 片,裂片三角形或三角状披针形,通常具齿，平展或倒向，裂片间常夹生小齿，基部渐狭成叶柄，叶柄及主脉常带红紫色，疏被蛛丝状白色柔毛或几乎无毛。

花葶1至数个，与叶等长或稍长，高10～25 cm，上部紫红色，密被蛛丝状白色长柔毛；头状花序直径30～40 mm(图2-20、图2-21)；总苞钟状，长12～14 mm，淡绿色；总苞片2～3层，外层总苞片卵状披针形或披针形，长8～10 mm，宽1～2 mm，边缘宽膜质，基部淡绿色，上部紫红色，先端增厚或具小到中等的角状突起；内层总苞片线状披针形，长10～16 mm，宽2～3 mm，先端紫红色，具小角状突起；舌状花黄色，舌片长约8 mm，宽约1.5 mm，边缘花舌片背面具紫红色条纹，花药和柱头暗绿色。瘦果倒卵状披针形，暗褐色，长4～5 mm，宽1～1.5 mm，上部具小刺，下部具成行排列的小瘤，顶端逐渐收缩为长约1 mm的圆锥至圆柱形喙基，喙长6～10 mm，纤细；冠毛白色，长约6 mm。

图2-20　戟叶蒲公英

图2-21　戟叶蒲公英花序

(2)发生规律

头状花序，种子上有白色冠毛结成的绒球(图2-22、图2-24、图2-25)，花开后随风飘到新的地方孕育新生命。花期4—9月(图2-23)，果期5—10月，是旱地常见杂草，也是朱砂叶螨、棉蓟马、鼎点金刚钻等的寄主。

图2-22　蒲公英花期(1)

图2-23　蒲公英花期(2)

图 2-24　蒲公英种子绒球

图 2-25　蒲公英种子

二维码 2-7
图 2-20 至图 2-25 彩图

(3)分布特点

全国各地均有分布。主要生于耕地、荒地、田边、路旁、沟边。

8. 旋覆花

旋覆花,又称六月菊、金佛花、金佛草等,是菊科旋覆花属多年生植物。

(1)形态特征

成株时期,根状茎短,横走或斜升,有粗壮须根。茎单生或 2～3 株簇生,直立,高 30～70 cm(图 2-26),有时基部具不定根,基部直径 3～10 mm,有细沟,被长伏毛,老时于茎下部脱落无毛,上部有上升或开展的分枝,全部有叶;节间长 2～4 cm。基部叶常较小,常在花期枯萎;中部叶长圆形或长圆状披针形,基部狭窄,无柄,常有圆形半抱茎的小耳,顶端稍尖或渐尖,边缘全缘或有小尖头状的疏齿,上面有疏毛或近无毛,下面有疏状毛和腺点;中脉和侧脉有较密的长毛。上部叶狭小,线状披针形。头状花序常排列成伞状,头状花序直径 2～4 cm;花序梗细长。总苞半球形,直径 13～17 mm,长 7～8 mm;总苞片 4～5 列,线状披针形,外列及中列者草质,内列者膜质,边缘均具缘毛。舌状花 1 层,黄色,舌片线形,长 10～13 mm(图 2-27);管状花多数密集,黄色,长约 5 mm,管状花花冠有三角披针形裂片;冠毛 1 层,白色。

图 2-26　旋覆花(1)

图 2-27　旋覆花(2)

瘦果，圆柱或长椭圆形，长 1～1.2 mm，褐色，有 10 条细纵棱，被疏短毛，稍有光泽。顶端截形，有浅黄色衣领状环，果脐圆形，凹陷，边缘围成小圆筒，稍偏斜；冠毛宿存。

二维码 2-8
图 2-26、图 2-27 彩图

(2)发生规律

旋覆花以种子散布或根茎繁殖，多年生草本，喜湿润的土壤，在轻度盐碱地也能生长，花期 6—10 月，果期 9—11 月。

(3)分布特点

分布于我国东北、华北、西北、中部及东部各省区。四川、贵州、福建、广东等省也有分布。生于海拔 150～2 400 m 处的山坡路旁、湿润草地、农田、河岸及田埂或盐碱地上。

9. 山苦荬

山苦荬，别称苦菜，为菊科苦荬菜属多年生草本植物。

(1)形态特征

高 10～30 cm，全体无毛。茎少数或多数簇生，直立或斜生。基生叶莲座状，条状披针形、倒披针形或条形(图 2-28)，长 7～20 cm，宽 0.5～2 cm，先端尖或钝，基部渐狭成柄，全缘或疏具小牙齿，或呈不规则分裂，灰绿色。头状花序顶生，花冠黄色。民间食用苦菜已有 2 000 多年的历史，常用作草药。

花茎直立，高 20～40 cm，上有 1～3 叶，无柄抱茎，全缘或有稀疏浅齿(图 2-29)，与基生叶形似而较短。头状花序多数，排列成稀疏的伞房状，总苞圆筒状或长卵形，长 7～9 mm，宽 2～3 mm，外层的总苞片小，内层的较长，全为舌状花，黄色、淡黄色、白色或淡紫色。瘦果红棕色，狭披针形，稍扁，长 4～6 mm，有长约 3 mm 的喙，具 10 条等形的纵肋，冠毛白色。

图 2-28 山苦荬幼株

图 2-29 山苦荬花期

(2)发生规律

山苦荬耐旱也较耐寒，在北方干旱地区的固定、半固定沙丘及其他砂质地上也有生长。在海拔 3 300～4 000 m 高寒的青藏高原也可生存。在我国东北和内蒙古等地区，返青较早，在晚秋霜冻后也可短期存活。山苦荬为根蘖型草本，以种子和根蘖进行繁殖，但以营养繁殖为主，在内蒙古地区一般 4 月上、中旬返青，4—5 月为营养期，5—6 月为开花期，6—7 月为结实期，

二维码 2-9
图 2-28、图 2-29 彩图

其后为果后营养期，10 月上旬枯黄。

(3)分布特点

适应性较强，广泛生长于海拔 500～4 000 m 的山坡草地乃至平原的路边、农田或荒地上，是一种常见的杂草。十堰山区分布密集，品种较多，常生于田间、地头、路边、林下等。主要分布于我国北部、东部、南部及西南部，俄罗斯、朝鲜、日本、越南也有分布。

10. 一年蓬

一年蓬，是菊科飞蓬属一年生或二年生草本植物，别称白顶飞蓬、千层塔、野蒿等。

(1)形态特征

茎粗壮，高 30～100 cm，基部径 6 mm，直立(图 2-30)，上部有分枝，绿色，下部被开展的长硬毛，上部被较密的上弯的短硬毛。基部叶花期枯萎，长圆形或宽卵形，少有近圆形，长 4～17 cm，宽 1.5～4 cm，或更宽，顶端尖或钝，基部狭呈具翅的长柄，边缘具粗齿，下部叶与基部叶同形，但叶柄较短，中部和上部叶较小，长圆状披针形或披针形，长 1～9 cm，宽 0.5～2 cm，顶端尖，具短柄或无柄，边缘有不规则的齿或近全缘，最上部叶线形，全部叶边缘被短硬毛，两面被疏短硬毛，有时近无毛。头状花序数个或多数，排列成疏圆锥花序，长 6～8 mm，宽 10～15 mm(图 2-31)，总苞半球形，总苞片 3 层，草质，披针形，长 3～5 mm，宽 0.5～1 mm，近等长或外层稍短，淡绿色或褐色，背面密被腺毛和疏长节毛；外围的雌花舌状，2 层，长 6～8 mm，管部长 1～1.5 mm，上部被疏微毛，舌片平展，白色，或有时淡天蓝色，线形，宽 0.6 mm，顶端具 2 小齿，花柱分枝线形；中央的两性花管状，黄色，管部长约 0.5 mm，檐部近倒锥形，裂片无毛；瘦果披针形，长约 1.2 mm，扁压，被疏贴柔毛；冠毛异形，雌花的冠毛极短，膜片状连成小冠，两性花的冠毛 2 层，外层鳞片状，内层为 10～15 条长约 2 mm 的刚毛。花期 6—9 月。

图 2-30　一年蓬

图 2-31　一年蓬花序

(2)发生规律

一年蓬繁殖力、适应性、发生量和蔓延力均较强，易造成生物多样性的丧失以及生态系统的破坏，为恶性杂草。一年蓬以种子繁殖，种子产量高，种子落地后能立即萌发，虽然发芽率仅有 5%左右，但种子数量多，繁殖系数仍相当可观。果实有冠毛，可借助风力传播到远处，扩散面积大。生存能力强，即使是在秋末冬初仍能见到新的幼苗。

(3)分布特点

一年蓬几乎遍布中国温带和亚热带地区，分布于吉林、河北、河南、山东、江苏、安徽、江西、福建、湖南、湖北、四川和西藏等地，广泛生长于路边、旷野或山坡。

二维码 2-10
图 2-30、图 2-31 彩图

11. 鬼针草

鬼针草，为菊科鬼针草属的一年生草本植物，别称鬼钗草、虾钳草、蟹钳草、对叉草、黏人草、黏连子、豆渣草。

(1)形态特征

茎直立，高 30～100 cm，钝四棱形，无毛或上部被极稀疏的柔毛，基部直径可达 6 mm。茎下部叶较小，3 裂或不分裂，通常在开花前枯萎，中部叶具长 1.5～5 cm 无翅的柄，三出，小叶 3 枚，很少为具 5～7 个小叶的羽状复叶，两侧小叶椭圆形或卵状椭圆形，长 2～4.5 cm，宽 1.5～2.5 cm，先端锐尖，基部近圆形或阔楔形，有时偏斜，不对称，具短柄，边缘有锯齿、顶生小叶较大，长椭圆形或卵状长圆形，长 3.5～7 cm，先端渐尖，基部渐狭或近圆形，具长 1～2 cm 的柄，边缘有锯齿，无毛或被极稀疏的短柔毛，上部叶小，3 裂或不分裂，条状披针形。头状花序，直径 8～9 mm，有长 1～6 cm(果时长 3～10 cm)的花序梗(图 2-32)。总苞基部被短柔毛，苞片 7～8 枚，条状匙形，上部稍宽，开花时长 3～4 mm，结果时长至 5 mm，草质，边缘疏被短柔毛或几乎无毛，外层托片披针形，干膜质，背面褐色，具黄色边缘，内层较狭，条状披针形(图 2-33)。无舌状花，盘花筒状，长约 4.5 mm，冠檐 5 齿裂。花果期 8—10 月。瘦果黑色，条形，略扁，具棱，长 7～13 mm，宽约 1 mm，上部具稀疏瘤状突起及刚毛，顶端芒刺 3～4 枚，长 1.5～2.5 mm，具倒刺毛。

图 2-32　鬼针草花序

图 2-33　鬼针草的果

二维码 2-11
图 2-32、图 2-33 彩图

(2)发生规律

为一年生晚春性杂草。以种子繁殖，一般 4 月中旬至 5 月种子发芽出苗，发芽适温为 15～30 ℃，5 月上、中旬为发生高峰期，8—10 月为结实期。种子可借风、流水或粪肥传播，经越冬休眠后萌发。

(3)分布特点

广泛分布于亚洲和美洲的热带及亚热带地区，在中国华东、华中、华南、西南等地有分布，常生于村旁、路边及荒地中。鬼针草适应性强，耐旱力较强，喜生长于温暖湿润的气候区，以疏松肥沃、富含腐殖质的砂质土壤及黏壤土为宜。

12. 大刺儿菜

大刺儿菜，又称大蓟，为菊科蓟属多年生草本植物。

(1)形态特征

成株茎直立，高 40～100 cm，具纵条棱，近无毛或疏被蛛丝状毛，上部有分枝(图 2-34、图 2-35)，下部叶及中部叶长圆形、椭圆形至圆状披针形，先端钝，有刺尖，边缘有缺刻状粗锯齿或羽状浅裂，有细刺，叶面绿色，背面被蛛丝状毛。雌雄异株，头状花序多数集中生于茎上部，排列成疏松的伞房状(图 2-36、图 2-37)；总苞钟形，总苞片多层，外层短，披针形，内层较长，线状披针形，雌管状花冠紫红色，长 17～19 mm，花冠管长度为檐部的 4～5 倍，花冠深裂至檐部的基部。

籽实瘦果倒卵形或长圆形，具四棱，长 2.5～3.5 mm，浅褐色；冠毛羽状，白色或基部褐色，果熟时，长达 30 mm。

(2)发生规律

在水平生长的根上产生不定芽，进行无性繁殖或以种子繁殖，花、果期 6—9 月。

(3)分布特点

常生长于田边、路旁及退耕的撂荒地上，属中生植物。分布于我国东北、华北、陕西、甘肃、宁夏、青海、四川和江苏等地；朝鲜、日本及俄罗斯也有分布。

图 2-34　大刺儿菜(1)

图 2-35　大刺儿菜(2)

图 2-36　大刺儿菜(3)

图 2-37　大刺儿菜(4)

13. 鳢肠草

鳢肠草，又称旱莲草、墨草、烂脚丫、墨旱莲，为菊科鳢肠草属一年生草本植物。

二维码 2-12

图 2-34 至图 2-37 彩图

(1)形态特征

幼苗时期，种子出土萌发。子叶阔卵形，长 5 mm，宽 45 mm，先端钝圆，全缘，叶基圆形，有 1 条主脉和 2 条边脉，无毛，具叶柄。下胚轴较发达，上胚轴发达，呈圆柱状，密被向上斜生毛。初生叶 2 片，对生，单叶卵形，先端钝尖，全缘或具稀细齿，叶基近圆形，三出脉，具长柄。后生叶与初生叶相似。

成株时期，株高达 60 cm。茎细弱，直立或匍匐，斜上或近直立(图 2-38)，通常自基部分枝，下部伏卧、节处生根，被贴生糙毛，具淡黑色液汁。叶长圆状披针形或披针形，长 3～10 cm，宽 6.5～2 cm，先端尖或渐尖，全缘或有细锯齿，两面密被硬糙毛；近无叶柄。头状花序，单生，直径 6～8 mm，花序梗长 2～4 cm(图 2-39、图 2-40)。总苞球状钟形；总苞片绿色，草质，5～6 个排成 2 层，长圆形或长圆状披针形；花托凸，托片披针形或刚毛状。外围舌状花雌性，2 层，白色，舌片小，全缘或 2 裂；中央管状花两性，白色，顶端 4 齿裂；花柱分枝钝，有乳头状突起。

图 2-38　鳢肠草(1)

图 2-39　鳢肠草(2)

图 2-40　鳢肠草(3)

二维码 2-13　图 2-38 至图 2-40 彩图

瘦果楔形，三棱状，长 2.2～3 mm，宽 1～1.7 mm。顶端截平，边缘疏生短毛，中央具不明显的残存花柱，圆形，微突起，无冠毛。果体具 3～4 棱(边花果为 3 棱、盘花果为 4 棱)，边缘延伸成窄翅，各棱间均有明显的疣状突起或颗粒状粗糙，果皮浅褐色、灰褐色或黑褐色，表面灰暗，无光泽。果脐圆形，微凹，位于果实基端。果内含 1 粒种子。种子无胚乳，胚直生。

(2)发生规律

鳢肠草以种子繁殖，喜湿耐寒，抗盐耐瘠，耐阴，具有较强的繁殖力，籽实落于土壤或混杂于有机肥料中再回到农田。5—6 月出苗，7—8 月开花结果，8—11 月果实逐渐成熟。

(3)分布特点

生于路旁草丛、河流旁或旱地潮湿处。全国各地均有分布，其中广泛分布于我国中南部热带、亚热带地区。

三、十字花科

1. 播娘蒿

播娘蒿，是十字花科播娘蒿属一年生或多年生草本植物。

(1)形态特征

株高 20～80 cm，有毛或无毛，毛为叉状毛，以下部茎生叶为多，向上渐少(图 3-1、图 3-2)。茎直立，分枝多，常于下部呈淡紫色。叶为 3 回羽状深裂，长 2～15 cm，末端裂片条形或长圆形，裂片长 2～10 mm，宽 0.8～2 mm，下部叶具柄，上部叶无柄。花序伞状，果期伸长(图 3-3)；萼片直立，早落，长圆条形，背面有分叉细柔毛；花瓣黄色，长圆状倒卵形，长 2～2.5 mm，或稍短于萼片，具爪；雄蕊 6 枚，比花瓣长 1/3。长角果圆筒状，长 2.5～3 cm，宽约 1 mm，无毛，稍内曲，与果梗不成一条直线，果瓣中脉明显；果梗长 1～2 cm。种子每室 1 行，形小，多数，长圆形，长约 1 mm，稍扁，淡红褐色，表面有细网纹。

(2)发生规律

种子繁殖，在麦田中(华北地区)多 10 月出苗，翌年 4—6 月为花果期。

(3)分布特点

适生于较湿润的环境，常与荠菜、米瓦罐等杂草生长在一起，有时也成单一的优势种群落，主要为害小麦、油菜、蔬菜及果树(图 3-4)。在华北地区是为害小麦的主要恶性杂草之一，也是油菜茎象甲的传播媒介(图 3-5)。

除华南外，分布于我国各地。生于山坡、田野及农田。亚洲、欧洲、非洲及北美洲均有分布。

图 3-1　播娘蒿幼苗期(1)

图 3-2　播娘蒿幼苗期(2)

图 3-3　播娘蒿花序

图 3-4　播娘蒿为害越冬期小麦

图 3-5　播娘蒿为害小麦田

二维码 3-1　图 3-1 至图 3-5 彩图

2. 荠菜

荠菜，十字花科荠菜属，一年生或二年生草本植物。

(1)形态特征

荠菜高 30～40 cm，主根瘦长，白色，直下，分枝。茎直立，单一或基部分枝。基生叶丛生，莲座状、叶羽状分裂，少见全缘，上部裂片呈三角形，不整齐，顶片特大，叶片有毛，叶耙有翼（图 3-6、图 3-7）。茎生叶狭披针形或披针形，顶部线形，基部成耳状抱茎，边缘有缺刻或锯齿，或近于全缘，叶两面生有单一或分枝的细柔毛，边缘疏生白色长睫毛。

花多数，总状花序顶生和腋生，开花时茎高 20～50 cm。花小，白色，两性。萼4 片，绿色，平展，卵形，基部平截，具白色边缘，十字形花冠。短角果扁平（图 3-8）。花瓣倒卵形，有爪，4片，白色，十字形开放，径约 2.5 mm；雄蕊 6 枚，4 强，基部有绿色腺体；雌蕊 1 枚，子房三角状卵形，花柱极短（图 3-9）。短角果呈倒三角形，无毛，扁平，先端微凹，长 6～8 mm，宽 5～6 mm，具残存的花柱。种子 20～25 粒，成 2 行排列，细小，倒卵形，长约 0.8 mm。

图 3-6　荠菜

图 3-7　荠菜幼苗期

图 3-8　荠菜果序

图 3-9　荠菜花期

(2)发生规律

田间杂草大多早春返青，随后即开花，华北地区 4—6 月为花果期。长江流域 3—5 月为花果期。产生种子量较大。早春、晚秋均可见到实生苗。种子繁殖。

(3)分布特点

荠菜性喜温和,只要有足够的阳光,土壤不太干燥,都可以生长,常与播娘蒿、打碗花等一起形成群落或连片生长,形成单优势种群落。主要分布在全世界的温带地区,我国各地均有分布;部分地区有栽培。在华北地区主要为害冬春作物,如小麦、油菜、蔬菜等,果园也有生长;长江流域及西南地区稻茬麦和油菜田发生为害,均为害不重,但在蔬菜地是主要杂草。

二维码 3-2
图 3-6 至图 3-9 彩图

3. 小花糖芥

小花糖芥,别称桂竹糖芥、野菜籽,是十字花科糖芥属一年生草本植物。

(1)形态特征

小花糖芥的基生叶呈莲座状,无柄,平铺地面(图 3-10),叶片长 1～4 cm,宽 1～4 mm,有 2～3 叉毛;叶柄长 7～20 mm;茎生叶披针形或线形,长 2～6 cm,宽 3～9 mm,顶端急尖,基部楔形,边缘具深波状疏齿或近全缘,两面具 3 叉毛(图 3-11)。总状花序顶生,果期长达 17 cm;萼片长圆形或线形,长 2～3 mm,外面有 3 叉毛(图 3-12、图 3-13);花瓣浅黄色,长圆形,长 4～5 mm,顶端圆形或截形,下部具爪。长角果圆柱形,长 2～4 cm,宽约 1 mm,侧扁,稍有棱,具 3 叉毛;果瓣有 1 条不明显中脉;花柱长约 1 mm,柱头头状;果梗粗,长 4～6 mm;种子每室 1 行,卵形,长约 1 mm,淡褐色。

图 3-10　小花糖芥为害小麦田

图 3-11　小花糖芥幼苗期

图 3-12　小花糖芥花序(1)

图 3-13　小花糖芥花序(2)

(2)发生规律

花期 4—5 月,果期 5—6 月。种子繁殖。

(3)分布特点

生在海拔 500～2 000 m 的山坡、山谷、路旁及村旁荒地,为夏收作物田和路埂常见杂草,对麦类及油菜有轻度为害。除华南外几乎遍布全国。朝鲜、美国、欧洲、非洲均有分布。

二维码 3-3
图 3-10 至图 3-13 彩图

4. 离子草

离子草,十字花科离子草属,多年生或一年生草本植物。

(1)形态特征

株高 15～40 cm,全株疏生头状短腺毛。茎斜上或铺散。从基部分枝。基生叶有短柄,叶片长圆形,长 3～4 cm,宽 4～6 mm;茎下部叶有深波状锯齿;茎上部叶有锯齿或近全缘,疏生头状短腺毛,总状花序疏而短,果期伸长;花紫色,萼片淡蓝紫色,具白色边缘,长圆形,内侧萼片基部稍呈囊状,长 4～5 mm(图 3-14、图 3-15);花瓣狭倒卵状长圆形或长圆状匙形,长 9～11 mm,基部有长爪,瓣片狭倒卵形,长约 4 mm;雄蕊分离,在短雄蕊的内侧基部两侧各有 1 长圆形蜜腺;子房无柄。长角果细圆柱形,长 1.5～3 cm,直或稍弯:有横节,不开裂,但逐节脱落,先端有长喙,喙长 10～20 mm。种子扁平,有边,随节段脱落,每节段有 2 粒种子,种子长圆形,红褐色。

(2)发生规律

幼苗或种子越冬。黄河中、下游 9—10 月出苗,出苗较整齐,早春发生数量较少。花果期 4—8 月,种子于 5 月即渐次成熟,经休眠后萌发。种子繁殖。

(3)分布特点

生于海拔 400～1 100 m 的山坡、山谷、平原的农田中,是麦田中较常见的一种杂草,也是新疆荒漠草场早春新生类杂草(图 3-16)。分布于我国华北、西北各省,亚洲北部和西南部、欧洲各国均有分布。

图 3-14　离子草花期

图 3-15　离子草的花

图 3-16　离子草为害小麦田

二维码 3-4　图 3-14 至图 3-16 彩图

5. 盐芥

盐芥，十字花科盐芥属，一年生草本植物。因生长于农田区的盐渍化土壤上而得名。

(1)形态特征

高 10～45 cm，无毛。茎于基部或近中部分枝，光滑，基部常淡紫色，基生叶近莲座状，早枯，具柄(图 3-17)，叶片卵形或长圆形，全缘或具不明显、不整齐小齿；茎生叶无柄，长圆状卵形，下部叶长约 1.5 cm，向上渐小，顶端急尖，基部箭形抱茎，全缘或具不明显小齿。花序花时伞房状，果时伸长成总状；花梗长 2～4 mm，萼片卵圆形，边缘白色膜质，花瓣白色，长圆状倒卵形，顶端钝圆。果柄丝状，斜向上展开；长角果线状，略弯曲，于果梗端内翘，使角果向上直立。种子黄色，椭圆形。

图 3-17　盐芥

二维码 3-5　图 3-17 彩图

(2)发生规律

种子或幼苗越冬。荒地 9 月发芽出苗，麦田 10 月见苗，翌年 3 月仍有发生，数量不多。4 月开花，5 月果实逐渐成熟；种子经休眠后萌发。种子繁殖。

(3)分布特点

生于沙地、盐碱地麦田、路边及荒地，为沙地、盐碱地麦田杂草之一。分布于西伯利亚、中亚、北美洲和我国的内蒙古、江苏、新疆的准噶尔盆地南缘(乌鲁木齐、玛纳斯地区)。

四、石竹科

图 4-1　繁缕

1. 繁缕

繁缕,别称鹅耳伸筋、鸡儿肠,是石竹科繁缕属一年生或二年生草本植物。

(1)形态特征

株高 10～30 cm。茎俯仰或上升,基部分枝(图 4-1),常带淡紫红色,被 1～2 列毛。叶片宽卵形或卵形,长 1.5～2.5 cm,宽 1.1～1.5 cm,顶端渐尖或急尖,基部渐狭或近心形,全缘;基生叶具长柄,上部叶常无柄或具短柄。

疏聚伞花序顶生;花梗细弱,具 1 列短毛,花后伸长,下垂,长 7～14 mm;萼片 5,卵状披针形,长约 4 mm,顶端稍钝或近圆形,边缘宽膜质,外面被短腺毛;花瓣白色,长椭圆形,比萼片短,深 2 裂达基部,裂片近线形;雄蕊 3～5 个,短于花瓣;花柱 3 个,线形(图 4-2、图 4-3)。

蒴果卵形,稍长于宿存萼,顶端 6 裂,含多数种子;种子卵圆形至近圆形,稍扁,红褐色,直径 1～1.2 mm,表面具半球形瘤状凸起,脊较显著。

图 4-2　繁缕花期

图 4-3　繁缕的花

(2)发生规律

比较适宜温暖和湿润的生长环境,适宜的生长温度为 13～23 ℃,能耐较轻的霜冻。苗期 11 月至翌年 2 月;花期 3—5 月,果期 4—6 月。种子繁殖。果实成熟后即开裂,种子散落土壤。植株比作物早枯。

二维码 4-1

图 4-1 至图 4-3 彩图

(3)分布特点

生于较湿润的农田、路旁和溪边草地。为夏熟作物田主要杂草,常于作物生长的前、中期造成为害。广泛分布于全国,以中部和南部地区更普遍。

2. 牛繁缕

牛繁缕，别称鹅肠菜、鹅儿肠，石竹科牛繁缕属，一、二年生或多年生草本植物。

(1)形态特征

全株光滑，仅花序上有白色短软毛(图 4-4)。茎多分枝，柔弱，常伏生于地面。叶卵形或宽卵形，长 2～5.5 cm，宽 1～3 cm，顶端渐尖，基部心形，全缘或波状，上部叶无柄，基部略包茎，下部叶有柄。花梗细长，花后下垂；苔片 5，宿存，果期增大，外面有短柔毛；花瓣 5 片，白色，2 深裂达基部(图 4-5)。蒴果卵形，5 瓣裂，每瓣端再 2 裂。

图 4-4 牛繁缕

图 4-5 牛繁缕的花

(2)发生规律

以种子和匍匐茎繁殖(图 4-6)，种子发芽的最低温度为 5 ℃，适宜温度为 15～20 ℃。土层深度限于 3 cm 以内，适宜范围为 0～1.5 cm。黄河流域以南地区多于冬前出苗，以北地区多于春季出苗。花果期 5—6 月。有些个体受到刈割等影响，可延至夏、秋季开花结果，但植株生长较差。

图 4-6 牛繁缕群体

二维码 4-2 图 4-4 至图 4-6 彩图

(3)分布特点

生于低洼湿润农田、路旁及较阴湿的草地，喜潮湿环境。常成单一种群或与猪殃殃、看麦娘等混生，主要为害小麦、油菜、棉花、蔬菜等作物，尤以稻麦轮作田数量最多，为害最重。我国南北各省均有分布。北半球温带、亚热带及北非也有分布。

3. 米瓦罐

米瓦罐，别称麦瓶草、净瓶、面条棵、面条菜等，是石竹科蝇子草属，多年生或一年生草本植物。

(1)形态特征

幼苗上胚轴不发达。子叶长椭圆形，长 6～8 mm，宽 2～3 mm，先端尖锐，子叶柄极短，略抱茎。初生叶 2 片，匙形，全缘。成株全体有腺毛(图 4-7、图 4-8)。茎直立，高 15～60 cm，单生或叉状分枝，节部略膨大。叶对生，无柄，基部连合，茎生叶长圆形或披针形，长 5～8 cm，宽 5～10 mm，全缘，先端尖锐。花和籽实聚伞花序顶生或腋生，花少数，有梗。萼筒长 2～3 cm，开花时呈筒状，结果时下部膨大呈卵形，裂片 5，钻状披针形。花瓣 5 片，倒卵形，紫红或粉红色，雄蕊 10 枚，花柱 3 裂(图 4-9)。蒴果卵圆形或圆锥形，有光泽，包于宿存的萼筒内，中部以上变细，先端 6 齿裂。种子肾形，螺卷状，长约 1.5 mm，红褐色。

图 4-7　米瓦罐苗期

图 4-8　米瓦罐为害小麦田

图 4-9　米瓦罐花期

二维码 4-3　图 4-7 至图 4-9 彩图

(2)发生规律

种子繁殖,以幼苗或种子越冬。黄河中、下游9—10月出苗,早春出苗数量较少;花期4—6月,种子于5月即逐渐成熟。

(3)分布特点

生于低山、平原、旷野、荒地、路旁和农田中。为华北和西北地区夏熟作物田的主要杂草,尤其对华北地区的麦类和油菜等夏熟作物为害严重。

4. 麦蓝菜

麦蓝菜,别称王不留行、麦蓝子等,是石竹科麦蓝菜属一年生或二年生草本植物。

(1)形态特征

高30～70 cm,全株无毛,微被白粉,呈灰绿色。根为主根系。茎单生,直立,上部分枝(图4-10)。叶片卵状披针形或披针形,长3～9 cm,宽1.5～4 cm,基部圆形或近心形,微抱茎,顶端急尖,具3基出脉。伞房花序稀疏;花梗细,长1～4 cm;苞片披针形,着生花梗中上部;花萼卵状圆锥形,长10～15 mm,宽5～9 mm,后期微膨大呈球形,棱绿色,棱间绿白色,近膜质,萼齿小,三角形,顶端急尖,边缘膜质;雌雄蕊柄极短;花瓣淡红色,长14～17 mm,宽2～3 mm(图4-11、图4-12),爪狭楔形,淡绿色,瓣片呈倒卵形,斜展或平展,微凹缺,有时具不明显的缺刻;雄蕊内藏;花柱线形,微外露。蒴果宽卵形或近圆球形,长8～10 mm;种子近圆球形,直径约2 mm,红褐色至黑色。

图4-10　麦蓝菜

图4-11　麦蓝菜花期

图4-12　麦蓝菜的花

二维码4-4　图4-10至图4-12彩图

(2)发生规律

苗期 10 月至翌年 3 月,花期 4—7 月,果期 5—8 月。种子繁殖。

(3)分布特点

生长于草坡、撂荒地或麦田中,为温带地区麦田中常见杂草。在我国局部地区(如黄淮海地区)对小麦为害较重,其植株常和麦株同高,对小麦整个生育期都构成危害。除此之外,它也为害油菜。除华南外,全国各地均有分布。原产欧洲,各国多引种栽培,常逸生成杂草,遍布北半球温带地区。

五、桑科

葎草

葎草,别称拉拉秧,是桑科葎草属多年生攀缘草本植物。

(1)形态特征

多年生缠绕草本,茎、枝、叶柄均具倒钩刺。叶纸质,肾状五角形,掌状 5～7 深裂少数为 3 裂,长宽均 7～10 cm,基部心脏形,表面粗糙,疏生糙伏毛,背面有柔毛和黄色腺体,裂片卵状三角形,边缘具锯齿;叶柄长 5～10 cm(图 5-1 至图 5-3)。雄花小,黄绿色,圆锥花序,长 15～25 cm;雌花序球果状,径约 5 mm,苞片纸质,三角形,顶端渐尖,具白色绒毛;子房被苞片包围,柱头 2,伸出苞片外。瘦果成熟时露出苞片外。

(2)发生规律

适应能力强,适生幅度宽,年均气温 5.7～22 ℃,年降水 350～1 400 mm,土壤 pH 在 4.0～8.5 的环境均能生长。葎草喜欢生长在肥沃的土地上,但贫瘠之处也能生长,只是肥沃土地上生长更加旺盛。葎草的雌雄株花期不一致,雄株 7 月下旬开花,而雌株在 8 月中旬开花,开花后生长缓慢;9 月下旬种子成熟,葎草生长停止。

图 5-1 葎草幼苗期

二维码 5-1 图 5-1 至图 5-3 彩图

图 5-2　葎草群体

图 5-3　葎草成株期

北方地区，3 月下旬至 4 月上旬出芽，5 月底以前缓慢生长，直到高温多雨的 6 月才快速生长。葎草种子产量较高，1 株可产数万粒，主要以风和鼠虫类为媒介传播。当年种子除土壤深层的以外，次年基本都能发芽。另外，葎草的分枝和再生能力也很惊人，每株分枝数个至十几个分枝，如留茬刈割，再生能力也很强。

(3)分布特点

中国除新疆、青海外，各省均有分布。日本、越南也有分布。普遍生于路旁、菜地、果园及其他旱地。常群生，华北地区常见其侵入农田，为害小麦、玉米、果树，局部地区造成严重减产，且影响机械作业。

六、旋花科

1. 田旋花

田旋花，是旋花科旋花属的多年生草本植物，别称小旋花、箭叶旋花、野牵牛。

(1)形态特征

田旋花多年生缠绕草本。植株无毛，具直根和根状茎(图 6-1)。根入土深，根状茎横走。茎平卧或缠绕，具有条纹和棱角。叶片卵状长圆形至披针形，先端钝或具小的短尖头；叶基大多为戟形，也有箭形和心形的，全缘或 3 裂；叶柄较叶片短。花常单生于叶腋，有时为 2～3 朵，甚至多朵；苞片 2 个，线形，远离萼片(图 6-2)。萼片 5，被毛，不等长；2 外萼片稍短，长圆状椭圆形；内萼片近圆形；花冠漏斗状，粉红色或白色，5 浅裂；雄蕊 5 枚，花丝基部扩大，具小鳞毛；子房 2 室，每室 2 个胚珠；柱头 2 枚，线形。

蒴果卵状球形或圆锥形。果皮光滑，果内分 2 室，成熟时开裂，每室 1～4 粒种子。种子三棱状阔卵形，长 3.5～4.2 mm，宽 2～3 mm，背面弓形，腹面中央隆凸，成一条纵向脊棱，把腹部分为两个内凹的斜向的侧面。种皮暗灰褐色，无光泽，表面粗糙密生点状或波状的突起。种脐较大，呈倒阔“U”形，凹陷，底部呈红褐色，位于种子基部。种皮革质，内含 1 折叠胚，子叶卷曲，周围存在少量胚乳。种子出土萌发。子叶方形，长 1.2 cm，宽 1.2 cm，先端缺裂，全缘，叶基近截形，有明显叶脉，具长柄。下胚轴非常发达，上胚轴也很发达，六棱形。

图 6-1　田旋花

图 6-2　田旋花的花

二维码 6-1

图 6-1、图 6-2 彩图

(2)发生规律

地下茎及种子繁殖。秋季近地面处的根茎产生越冬芽，翌年出苗。花期 6—8 月，果期 7—9 月。喜生于潮湿而肥沃的黑土上。常见于耕地、田边、果林园地等处。田旋花的环境适应能力强，繁殖和再生能力也不弱，常成片生长形成优势种群，与作物争水、争肥，其茎蔓缠绕在作物之上，影响作物的光合作用，甚至会引起作物倒伏。

(3)分布特点

喜潮湿肥沃土壤，生于耕地及荒坡草地上。分布于我国吉林、黑龙江、辽宁、河北、河南、山东、山西、陕西、甘肃、宁夏、新疆、内蒙古、江苏、四川、青海、西藏等地；广泛分布于温带地区，在亚热带及热带地区少有分布。

2. 圆叶牵牛

圆叶牵牛，又称圆叶旋花、小花牵牛，旋花科牵牛属一年生缠绕植物。

(1)形态特征

成株，全株被粗硬毛。茎缠绕，多分枝(图 6-3)。叶互生，卵圆形，先端尖，基部心形，全缘，叶柄长 4～9 cm(图 6-4)。花序有花 1～5 朵，总花梗与叶柄近等长，长 4～12 cm(图 6-5)，小花梗伞形，结果时上部膨大；苞片 2 枚，条形；萼片 5 枚，卵状披针形，长 1.0～15 cm，先端锐尖，基部有粗硬毛；花冠漏斗状，直径 4～5 cm，紫色、淡红色或白色，先端 5 浅裂；雄蕊 5 枚，不等长，花丝基部被毛；子房 3 室，每室 2 胚珠，柱头头状，3 裂。

籽实，蒴果近球形，无毛；种子卵圆形或三棱状卵形，长约 5 mm，黑色或暗褐色，表面粗糙。

幼苗，与裂叶牵牛的幼苗相似，仅初生叶叶片为卵圆状心形。

图 6-3　圆叶牵牛成株

图 6-4　圆叶牵牛叶片

图 6-5　圆叶牵牛花序

二维码 6-2　图 6-3 至图 6-5 彩图

(2)发生规律

华北地区 4—5 月出苗,6—9 月开花,9—10 月为结果期。种子繁殖。

(3)分布特点

适应性很广,多生于田边、路旁、平原、山谷和林内;我国各地均有栽培,作为庭园观赏或作绿篱。有时侵入农田(旱作物地)或果园缠绕栽培植物造成危害。广泛分布于我国各地。原产于南美洲。

3. 裂叶牵牛

裂叶牵牛,又名牵牛、黑丑、白丑、二丑、喇叭花,旋花科牵牛属一年生攀缘草本植物。

(1)形态特征

成株,全株被粗硬毛;茎缠绕,多分枝;叶互生,叶具柄,长 5～15 cm,被毛;叶片宽卵形,长 8～15 cm,常 3 裂,中裂片长圆形或卵圆形,侧裂片较短,三角形(图 6-6);裂口宽而圆,不向内凹陷,裂片先端渐尖,基部心形。花序有花 1～3 朵,总花梗略短于叶柄;萼片 5 枚,披针形,长 2～2.5 cm,先端尾长尖,基部密被开展的粗硬毛,不向外反曲。花冠漏斗状,白色、蓝紫色或紫红色,花冠管色淡,花冠长 5～8 cm,顶端 5 浅裂;雄蕊 5 枚;子房 3 室,柱头头状。

籽实,蒴果近球形;种子 5～6 个,卵圆形或卵状三棱形,黑褐色或米黄色 2 种颜色。

幼苗粗壮。子叶近方形,长约 2 cm,先端深凹缺刻几乎达叶片中部,基部心形,叶脉明显,具柄,柄被短硬毛。初生叶 1 片,3 裂,中裂片大,先端渐尖,基部心形;叶片及叶柄均密被长绒毛。上胚轴不发达，下胚轴发达，靠近子叶部分有短毛。

图 6-6　裂叶牵牛

二维码 6-3　图 6-6 彩图

(2)发生规律

4—5 月萌发，花期 6—9 月，果期 7—10 月。种子繁殖。

(3)分布特点

生于田边、路旁、河谷、宅院、果园、山坡，适应性很广；部分果园、苗圃受害较重；除东北、西北一些省外，其他各地均有分布；原产于美洲热带地区。也有些地方栽培供观赏。

4. 打碗花

打碗花，又称小旋花，面根藤、狗儿蔓、葍秧、斧子苗、喇叭花，是旋花科打碗花属。多年生草本植物，与喇叭花相似，但非同一种植物。

(1)形态特征

全体不被毛，植株通常矮小，高 8～40 cm，常自基部分枝，具细长白色的根。茎细，平卧，有细棱。基部叶片长圆形，长 2～5.5 cm，宽 1～2.5 cm，顶端圆，基部戟形，上部叶片 3 裂，中部裂片长圆形或长圆状披针形，侧裂片近三角形，全缘或 2～3 裂，叶片基部心形或戟形；叶柄长 1～5 cm(图 6-7 至图 6-9)。花腋生，1 朵，花梗长于叶柄，有细棱；苞片宽卵形，长 0.8～1.6 cm，顶端钝或锐尖至渐尖(图 6-10)；萼片长圆形，长 0.6～1 cm，顶端钝，具小短尖头，内萼片稍短；花冠淡紫色或淡红色，钟状，长 2～4 cm，冠檐近截形或微裂；雄蕊近等长，花丝基部扩大，贴生花冠管基部，被小鳞毛；子房无毛，柱头 2 裂，裂片长圆形，扁平。蒴果卵球形，长约 1 cm，宿存萼片与之近等长或稍短。种子黑褐色，长 4～5 mm，表面有小疣。

(2)发生规律

以地下茎茎芽和种子繁殖，田间以无性繁殖为主。地下茎质脆易断，每个带节的断体都能长出新的植株。华北地区 4—5 月出苗，花期 7—9 月，果期 8—10 月。长江流域 3—4 月出苗，花果期 5—7 月。

二维码 6-4

图 6-7 至图 6-10 彩图

(3)分布特点

打碗花喜温和湿润气候，也耐恶劣环境，适应砂质土壤。打碗花总是作为砂质、砂砾质、砾石质土地的优势种或伴生种出现在海滨地带，在靠近海岸的花岗岩、片麻岩或片岩组成的砾石土上，特别是海浪经常可以到达的山坡上，有时以单一群落出现，是中国温和气候区沿海地带盐碱土的指示植物。

生于农田、路旁或荒地。分布在埃塞俄比亚、亚洲、马来亚以及我国各地，是农田常见杂草，对大豆、小麦、棉花、玉米、高粱、谷子、蔬菜等作物为害较重。

图 6-7　打碗花(1)

图 6-8　打碗花(2)

图 6-9　打碗花(3)

图 6-10　打碗花花期

七、鸭跖草科

鸭跖草

鸭跖草，别称碧竹子、翠蝴蝶、淡竹叶等。属粉状胚乳目鸭跖草科鸭跖草属一年生披散草本植物。

(1)形态特征

茎匍匐生根，多分枝，长可达 1 m，下部无毛，上部被短毛(图 7-1)。叶披针形至卵状披针形，长 3～9 cm，宽 1.5～2 cm。总苞片佛焰苞状，有 1.5～4 cm 的柄，与叶对生，折叠状，展开后为心形，顶端短急尖，基部心形，长 1.2～2.5 cm，边缘常有硬毛；聚伞花序，下面一枝仅有花 1 朵，具长 8 mm 的梗，不孕；上面一枝具花 3～4 朵，具短梗，几乎不伸出佛焰苞。花梗长仅 3 mm，果期弯曲，长不过 6 mm；萼片膜质，长约 5 mm，内面 2 枚常靠近或合生；花瓣深蓝色；内面 2 枚具爪，长近 1 cm(图 7-2)。蒴果椭圆形，长 5～7 mm，2 室，2 裂片，有种子 4 颗。种子长 2～3 mm，棕黄色，一端平截、腹面平，有不规则窝孔。

图 7-1　鸭跖草幼株

图 7-2　鸭跖草的花

二维码 7-1
图 7-1、图 7-2 彩图

(2)发生规律

常发生于湿地。适应性强，在全光照或半阴环境下都能生长。但不能过阴，否则叶色减退为浅粉绿色，易徒长。喜温暖、湿润气候，喜弱光，忌阳光暴晒，适宜生长温度为 20～30 ℃，冬季不低于 10 ℃。对土壤要求不严，耐旱性强，土壤略微有点湿就可以生长，如果盆土长期过湿，易出现茎叶腐烂。

(3)分布特点

生于路旁、田埂、山坡、林缘阴湿处及农田中。全国各地均有分布，是稻田边、旱地、果园常见杂草，对大豆、小麦、玉米等旱作物为害严重。

八、紫草科

1. 斑种草

斑种草，越年生或一年生草本植物，是紫草科斑种草属草本植物。

(1)形态特征

一年生草本，少有二年生，高 20～30 cm，密生开展或向上的硬毛(图 8-1、图 8-2)。根为直根，细长，不分枝。茎数条丛生，直立或斜升，由中部以上分枝或不分枝。基生叶及茎下部叶具长柄，匙形或倒披针形，一般长 3～6 cm，稀达 12 cm，宽 1～1.5 cm，先端圆钝，基部渐狭为叶柄，边缘皱波状或近全缘，上下两面均被基部具基盘的长硬毛及伏毛，茎中部及上部叶无柄，长圆形或狭长圆形，长 1.5～2.5 cm，宽 0.5～1 cm，先端尖，基部楔形或宽楔形，上面被向上贴伏的硬毛，下面被硬毛及伏毛。

花序长 5～15 cm，具苞片（图 8-3）；苞片卵形或狭卵形；花梗短，花期长 2～3 mm，果期伸长；花萼长 2.5～4 mm，外面密生向上开展的硬毛及短伏毛，裂片披针形，裂至近基部；花冠淡蓝色，长 3.5～4 mm，檐部直径 4～5 mm，裂片圆形，长宽约 1 mm，喉部有 5 个先端深 2 裂的梯形附属物；花药卵圆形或长圆形，长约 0.7 mm，花丝极短，着生花冠筒基部以上 1 mm 处；花柱短，长约为花萼的 1/2。小坚果肾形，长约 2.5 mm，有网状皱褶及稠密的粒状突起，腹面有椭圆形的横凹陷。

图 8-1　斑种草(1)

图 8-2　斑种草(2)

图 8-3　斑种草的花

二维码 8-1　图 8-1 至图 8-3 彩图

(2)发生规律

花期 4—6 月，果期 6—8 月。幼苗或种子越冬。我国陕西地区，早播麦田 10 月初发生，10 月上、中旬出现高峰期，早春发生较少。晚播麦田主要集中在早春发生，3—4 月屡见幼苗。早苗 4 月初见花，5 月果实渐次成熟，6 月初植株死亡。种子经夏季休眠后萌发。晚苗于收麦时种子多不能成熟。上海地区从 9 月起开始发生，10—12 月为发生高峰期，翌年 1—2 月迅速生长，4 月开花，5—6 月结果、死亡。

(3)分布特点

为田间或路旁的杂草。常于果园为害,也生于路埂,偶尔侵入麦田,但为害不大。生于海拔 100～1 600 m 的荒野路边、山坡草丛、竹林下、麦田、油菜田、果园、菜地、河床,以河灌区较多。我国分布于甘肃、陕西、河南、山东、山西、河北及辽宁等地。喜湿润环境,较耐旱。

2. 麦家公

麦家公,别称为田紫草,是紫草科紫草属一年生草本植物。

(1)形态特征

根稍含紫色物质。茎通常单一,高 15～35 cm,自基部或仅上部分枝有短糙伏毛(图 8-4 至图 8-6)。叶无柄,倒披针形至线形,长 2～4 cm,宽 3～7 mm,先端急尖,两面均有短糙伏毛。聚伞花序生于枝上部,长可达 10 cm,苞片与叶同形而较小(图 8-7);花序排列稀疏,有短花梗;花萼裂片线形,长 4～5.5 mm,通常直立,两面均有短伏毛,果期长可达 11 mm 且基部稍硬化;花冠高脚碟状,白色,有时蓝色或淡蓝色,筒部长约 4 mm,外面稍有毛,檐部长约为筒部的 1/2,裂片卵形或长圆形,直立或稍开展,长约 1.5 mm,稍不等大,喉部无附属物,但有 5 条延伸到筒部的毛带;雄蕊着生花冠筒下部,花药长约 1 mm;花柱长 1.5～2 mm,柱头头状。小坚果三角状卵球形,长约 3 mm,灰褐色,有疣状突起。

图 8-4　麦家公成株

图 8-5　麦家公为害小麦田

图 8-6　麦家公群体

图 8-7　麦家公的花

(2)发生规律

种子繁殖，幼苗或种子越冬。种子发芽的最低温度为 5 ℃左右，适宜温度 10～15 ℃，最高限于 25 ℃；适宜土层深度为 2 cm 左右，最深限于 6 cm。在我国中北部冬麦区，9—10 月大量萌发冬前苗，温度适宜时 6～9 d 形成高峰；翌年 2 月末 3 月初出土的春后苗，发生数量不多；3—4 月现蕾开花；5—6 月种子渐次成熟落地，经 2～3 个月休眠后萌发。

二维码 8-2

图 8-4 至图 8-7 彩图

(3)分布特点

生于丘陵、低山坡地、荒地、路边和田边。在淮河流域及华北地区部分麦田，发生数量较大，为害较重。分布于东北、华北、西北以及江苏、浙江、湖北、四川和云南等地；亚洲温带地区及欧洲也有分布。

3. 附地菜

附地菜，紫草科附地菜属一年或二年生草本植物。附地菜因其茎铺散而得名，别称鸡肠草、地铺粒草、地胡椒。

(1)形态特征

植株较高；茎常多条，直立或斜生，密被短糙伏毛(图 8-8)；叶基生，叶卵状椭圆形或匙形，先端钝圆，基部渐窄成叶柄，两面被糙伏毛；茎生叶长圆形或椭圆形，具短柄或无柄；花序顶生；无苞片或花序基部具少量苞片；花萼裂至中下部，裂片卵形，先端渐尖或尖；花冠淡蓝色或淡紫红色，裂片倒卵形，开展；花药卵圆形；小坚果斜三棱锥状四面体形，被毛，稀无毛，背面三角状卵形，具锐棱，着生面具短柄；花果期 4—7 月。

茎通常多条丛生，稀单一，密集，铺散，高 5～30 cm，基部多分枝，被短糙伏毛。基生叶呈莲座状，有叶柄，叶片匙形，长 2～5 cm，先端圆钝，基部楔形或渐狭，两面被糙伏毛，茎上部叶长圆形或椭圆形，无叶柄或具短柄。

花序生于茎顶，幼时卷曲，后渐次伸长，长 5～20 cm，通常占全茎的 1/2～4/5，只在基部具 2～3 个叶状苞片，其余部分无苞片(图 8-9)；花梗短，花后伸长，长 3～5 mm，顶端与花萼连接部分变粗呈棒状；花萼裂片卵形，长 1～3 mm，先端急尖；花冠淡蓝色或淡紫色，筒部短，檐部

图 8-8　附地菜

图 8-9　附地菜的叶片和花

二维码 8-3

图 8-8、图 8-9 彩图

直径 1.5～2.5 mm，裂片平展，倒卵形，先端圆钝，白色或带黄色；花药卵形，长 0.3 mm，先端具短尖。小坚果 4，斜三棱锥状四面体形，长 0.8～1 mm，有短毛或平滑无毛，背面三角状卵形，具 3 锐棱，腹面的 2 个侧面近等大而基底面略小，凸起，具短柄，柄长约 1 mm，向一侧弯曲。

(2)发生规律

附地菜多生于荒地及灌丛间，喜光，耐旱，对土壤要求不高。早春开花，花期较长。花期 3—6 月，果期 5—7 月，成熟落地。秋季或早春出苗。我国西北地区冬生型 10 月上中旬出苗，11 月底进入越冬。翌年春季 4 月初部分种子出苗，越冬苗恢复生长。5 月中下旬开花、结果，6 月上中旬种子逐渐成熟。兰州地区春生型 4—6 月出苗，5—7 月营养生长，7—9 月开花、结果，8 月种子逐渐成熟，种子边成熟边落粒。

(3)分布特点

分布于我国西藏、云南、广西北部、江西、福建、新疆、甘肃、内蒙古、东北等地区；欧洲东部、亚洲温带地区也有分布。生于平原、丘陵草地、林缘、田间及荒地。

九、蓼科

1. 羊蹄

羊蹄，又称土大黄、牛舌头、野菠菜、羊蹄叶、羊皮叶子、酸模，蓼科酸模属多年生草本植物。

(1)形态特征

茎直立，高 50～100 cm，上部分枝，具沟槽。基生叶长圆形或披针状长圆形(图 9-1)，长 8～25 cm，宽 3～10 cm，顶端急尖，基部圆形或心形，边缘微波状，下面沿叶脉具小突起；茎上部叶狭长圆形；叶柄长 2～12 cm；托叶鞘膜质，易破裂。

花序圆锥状，花两性，多花轮生；花梗细长，中下部具关节；花被片 6 片，淡绿色，外花被片椭圆形，长 1.5～2 mm，内花被片果时增大，宽心形，长 4～5 mm，顶端渐尖，基部心形，网脉明显，边缘具不整齐的小齿，齿长 0.3～0.5 mm，全部具小瘤，小瘤长卵形，长 2～2.5 mm。瘦果宽卵形，具 3 锐棱，长约 2.5 mm，两端尖，暗褐色，有光泽。

图 9-1　羊蹄

(2)发生规律

花期 5—6 月，果期 6—7 月。喜光稍耐阴、耐水湿，夏天能忍受 30 ℃以上的高温，冬天能耐－46～－40 ℃的低温，刈割茬能耐 30～35 ℃的高温，能很好地再生长，在 2～5 ℃就能发芽，在 20～25 ℃时生长最快，30～35 ℃

二维码 9-1

图 9-1 彩图

时开始抽薹。羊蹄喜湿润的气候条件，叶面较大，蒸腾性强，需水较多。一般土壤含水量达70％～80％时生长旺盛；喜肥性强，肥水充足时，叶片大，叶质厚，颜色浓绿，质地细软，幼嫩多汁，潮湿地生长最好，但不耐淹，以排水良好的低湿地最为适宜。羊蹄对土壤的要求不严格，中性或偏酸性土壤都能很好地生长，但不耐盐碱，碱土地带不宜生长。

(3)分布特点

生长于较湿的平地、道路、水沟或耕地边，偶尔也可以在水分供应较好的海岸半固定沙丘和基岩海岸的石缝中见其踪迹。分布于中国、朝鲜、日本、俄罗斯(远东)；在我国分布于东北、华北、华东、华中、华南以及陕西、四川、贵州等地。生长于海拔 30～3 400 m 的田边路旁、河滩、沟边湿地。

2. 萹蓄

萹蓄，又称竹鞭菜、竹节草、乌蓼、扁竹、猪牙菜，是蓼科萹蓄属的一年生草本植物。

(1)形态特征

幼苗时期，种子出土萌发。子叶带状，长 1.4 cm，宽 15 mm，先端锐尖，全缘，叶基渐窄，无叶柄，下胚轴发达，红色，上胚轴不发育。初生叶 1 片，互生，单叶，倒披针形，先端锐尖，全缘，叶基渐窄，具短柄，基部有膜质的托叶鞘，鞘口齿裂，无缘毛。幼苗全株光滑无毛。

成株时期，茎平卧、上升或直立，高 10～40 cm，自基部多分枝，具纵棱(图 9-2)。叶椭圆形、狭椭圆形或披针形，长 1～4 cm，宽 3～12 mm，顶端钝圆或急尖，基部楔形，边缘全缘，两面无毛，下面侧脉明显；叶柄短或近无柄，基部具关节；托叶鞘膜质，下部褐色，上部白色，撕裂脉明显。花单生或数朵簇生于叶腋，遍布于植株；苞片薄膜质；花梗细，顶部具关节；花被 5 深裂，花被片椭圆形，长 2～2.5 mm，绿色，边缘白色或淡红色；雄蕊 8 枚，花丝基部扩展；花柱 3 枚，头状。

瘦果三棱状卵形，长 2.5～3 mm，宽 1.2～2 mm，黑褐色，密被由小点组成的细条纹，无光泽，与宿存花被近等长或稍超过。顶端渐尖，棱角钝，3 个棱面宽度不等长，横面呈不等边三角形。果体被宿存花被所包，顶端微露出。果皮棕褐色至暗褐色，表面无光泽，呈微粒状粗糙。果脐三角形，位于果实基部，内含 1 粒种子。种子与果实同形。种皮膜质，鲜红色，内含丰富的粉质胚乳，胚弯生，位于种子两侧边的夹角内。

(2)发生规律

萹蓄以种子繁殖，喜湿润，花期 5—7 月，果期 8—10 月。

(3)分布特点

生于农田、渠边、路旁及水边湿地。全国各地均有分布，以河南、四川、浙江、山东、吉林、河北等地产量较大。欧洲、亚洲和美洲温带地区均有分布。

二维码 9-2
图 9-2 彩图

图 9-2　萹蓄

3. 水蓼

水蓼，别称辣蓼、水马蓼、蔷，是蓼科蓼属一年生草本植物。

(1)形态特征

一年生草本，高 40～70 cm。茎直立，多分枝，无毛，节部膨大(图 9-3、图 9-4)。叶披针形或椭圆状披针形，长 4～8 cm，宽 0.5～2.5 cm，顶端渐尖，基部楔形，边缘全缘，具缘毛，两面无毛，被褐色小点，有时沿中脉具短硬伏毛，具辛辣味，叶腋具闭花受精花；叶柄长 4～8 mm；托叶鞘筒状，膜质，褐色，长 1～1.5 cm，疏生短硬伏毛，顶端截形，具短缘毛，通常托叶鞘内藏有花簇。

总状花序呈穗状，顶生或腋生，长 3～8 cm，通常下垂，花稀疏，下部间断(图 9-5、图 9-6)；苞片漏斗状，长 2～3 mm，绿色，边缘膜质，疏生短缘毛，每苞内具 3～5 花；花梗比苞片长；花被 5 深裂，稀 4 裂，绿色，上部白色或淡红色，被黄褐色透明腺点，花被片椭圆形，长 3～3.5 mm；雄蕊 6 枚，少数 8 枚，比花被短；花柱 2～3 枚，柱头头状。瘦果卵形，长 2～3 mm，双凸镜状或具 3 棱，密被小点，黑褐色，无光泽，包于宿存花被内。

图 9-3 水蓼苗期

图 9-4 水蓼群体

图 9-5 水蓼花序(1)

图 9-6 水蓼花序(2)

(2)发生规律

以种子繁殖，属喜阳植物。花期较长，7 月下旬始花，8—9 月为盛花期，并开始结实，直至

10 月花期结束。

(3)分布特点

生长在海拔 50～3 500 m 的河滩、水沟边、山谷湿地，为常见的夏收作物田、水稻田及路埂杂草，主要为害水稻、低湿地大豆、小麦等作物。分布于我国南北各地。朝鲜、日本、印度尼西亚、印度、欧洲及北美也有分布。

二维码 9-3

图 9-3 至图 9-6 彩图

4. 酸模叶蓼

酸模叶蓼，别称大马蓼、旱苗蓼、斑蓼等，是蓼科蓼属一年生草本植物。

(1)形态特征

株高 40～90 cm。茎直立，具分枝，无毛，节部膨大。叶披针形或宽披针形，长 5～15 cm，宽 1～3 cm，顶端渐尖或急尖，基部楔形，上面绿色，常有一个大的黑褐色新月形斑点(图 9-7、图 9-8)，两面沿中脉被短硬伏毛，全缘，边缘具粗缘毛；叶柄短，具短硬伏毛；托叶鞘筒状，长 1.5～3 cm，膜质，淡褐色，无毛，具多数脉，顶端截形，无缘毛，稀具短缘毛。

总状花序呈穗状，顶生或腋生，近直立，花紧密，通常由数个花穗组成圆锥状，花序梗被腺体；苞片漏斗状，边缘具稀疏短缘毛；花被淡红色或白色，4(5)深裂，花被片椭圆形，脉粗壮，顶端叉分，外弯；雄蕊通常 6 枚。

瘦果宽卵形，双凹，长 2～3 mm，黑褐色，有光泽，包于宿存花被内。

图 9-7　酸模叶蓼(1)

图 9-8　酸模叶蓼(2)

(2)发生规律

酸模叶蓼一年生，可多次开花结实，是旱田和水田及其周边较常见的杂草。发芽适温 15～20 ℃，出苗深度 5 cm。东北及黄河流域 4—5 月出苗，花果期为 7—9 月。在长江流域及以南地区的夏收作物田，9 月至翌年春出苗，花果期 4—5 月，先于作物果实成熟。适应性较强。以种子繁殖。

二维码 9-4

图 9-7、图 9-8 彩图

酸模叶蓼具有较强的无性繁殖能力，在水中或在湿地上，能节节生根并发芽。

(3)分布特点

酸模叶蓼分布广,适应性强,是一种生态幅很宽的植物。喜生于土壤湿润的耕地、田边、路旁、田埂和居民点附近的闲荒地上。在水生条件下,一般多生长在池塘、沟渠、溪流及河湖近岸的浅水中。酸模叶蓼对土壤要求不严格,从砂土到黏性土均能生长。在土壤 pH 5～8.5 均能生长良好。

全国各地均有分布,以北方最普遍。常成单一小片种群或与小稗草等混生。部分棉花、豆类、薯类、水稻、小麦和玉米等作物受害较重。朝鲜、日本、菲律宾、印度、巴基斯坦及欧洲也有分布。

5. 两栖蓼

两栖蓼,蓼科蓼属,多年生湿生或挺水草本植物。

图 9-9　两栖蓼

(1)形态特征

根状茎横走。生于水中者,茎漂浮,无毛,节部生不定根。叶长圆形或椭圆形,浮于水面,长 5～12 cm,宽 2.5～4 cm,顶端钝或微尖,基部近心形,两面无毛,全缘,无缘毛;叶柄长 0.5～3 cm,自托叶鞘近中部发出;托叶鞘筒状,薄膜质,长 1～1.5 cm,顶端截形,无缘毛。生于陆地者,茎直立,不分枝或自基部分枝,高 40～60 cm,叶披针形或长圆状披针形,长 6～14 cm,宽 1.5～2 cm,顶端急尖,基部近圆形,两面被短硬伏毛,全缘,具缘毛;叶柄 3～5 mm,自托叶鞘中部发出;托叶鞘筒状,膜质,长 1.5～2 cm。疏生长硬毛,顶端截形,具短缘毛。

总状花序呈穗状,顶生或腋生,长 2～4 cm,苞片宽漏斗状(图 9-9);花被 5 深裂,淡红色或白色花被片长椭圆形,长 3～4 mm;雄蕊通常比花被短;花柱比花被长,柱头头状。瘦果近圆形,双凸镜状,直径 2.5～3 mm,黑色,有光泽,包于宿存花被内。

二维码 9-5
图 9-9 彩图

(2)发生规律

喜阳光充足的环境,耐高温,怕寒冷,在 16～30 ℃的温度范围内生长良好,越冬温度不宜低于 5 ℃。花期 7—8 月,果期 8—9 月。

(3)分布特点

我国主要分布于吉林、辽宁、河北、山西、山东、陕西、湖北、云南、贵州等地。亚洲、欧洲和北美洲均有分布。

十、莎草科

1. 猪毛草

猪毛草,又称善鸡尾草、小凤尾草,是莎草科萤蔺属多年生草本植物。

(1)形态特征

丛生,无根状茎。秆细弱,高 10～40 cm,平滑,基部具 2～3 个鞘,鞘管状,近于膜质,长 3～9 cm,上端开口处为斜截形,口部边缘干膜质,顶端钝圆或具短尖(图 10-1、图 10-2)。苞片 1 枚,为秆的延长,直立,顶端急尖,长 4.5～13 cm,基部稍扩大;小穗单生或 2～3 个成簇,假侧生,长圆状卵形,顶端急尖,长 7～17 mm,宽 3～6 mm,淡绿色或淡棕色,具 10 朵以上花;鳞片长圆状卵形,顶端渐尖,近于革质,长 4～5.5 mm,背面较宽部分为绿色,具一条中脉延伸出顶端呈短尖,两侧淡棕色、淡棕绿色或近于白色半透明,具深棕色短条纹;下位刚毛 4 条,长于小坚果,上部生有倒刺;雄蕊 3 枚,花药长圆形,药隔稍突出;花柱中等长,柱头 2。小坚果宽椭圆形,平凸状,长约 2 mm,黑褐色,有不明显的皱纹,稍具光泽。

图 10-1　猪毛草(1)

图 10-2　猪毛草(2)

(2)发生规律

花期 7—9 月,果期 9—11 月。种子繁殖。

(3)分布特点

主要分布于我国福建、江西、广东、广西、贵州、云南等地;多生长在稻田、溪边、河旁近水处,在云南生长在海拔 1 000 m 左右的地区。有时常和谷精草属植物生长在一起。朝鲜、日本及印度也有分布。

二维码 10-1

图 10-1、图 10-2 彩图

2. 香附子

香附子,莎草科莎草属多年生草本植物,别称莎草、九篷根、三棱草、回头青。

(1)形态特征

香附子为莎草科多年生草本植物,全株有一股特殊的香味,因此得名。匍匐根状茎长,具椭圆形块茎。秆稍细弱,高 15～95 cm,锐三棱形,平滑,基部呈块茎状(图 10-3)。叶较多,短于秆,宽 2～5 mm,平张;鞘棕色,常裂成纤维状。叶状苞片 2～5 枚,常长于花序,或有时短于花序;长侧枝聚伞花序简单或复出,具 2～10 个辐射枝;辐射枝最长达 12 cm;穗状花序轮廓为陀螺形，稍疏松，具3～10个小穗；小穗斜展开，线形，长1～3 cm，宽约1.5 mm，具8～28朵花；小穗轴具较宽的、白色透明的翅；鳞片稍密的复瓦状排列，膜质，卵形或长圆状卵形，长约3 mm，顶端急尖或钝，无短尖，中间绿色，两侧紫红色或红棕色，具5～7条脉；雄蕊3，花药长，线形，暗血红色，药隔突出于花药顶端；花柱长，柱头3，细长，伸出鳞片外。小坚果长圆状倒卵形，三棱形，长为鳞片的1/3～2/5，具细点。

图10-3　香附子

二维码10-2　图10-3彩图

(2)发生规律

香附子生存能力很强，生殖速度快，蔓延迅速，能适应各种不良环境，同时也会对农作物产生一定的危害，由于根茎发达，繁殖能力强，常与农作物争肥水，影响苗圃农作物生长，从而影响农作物的产量。花果期5—11月。

(3)分布特点

香附子广泛分布于世界各地，原产于非洲、南亚和欧洲，现亚洲、澳大利亚和美洲的热带至温带地区均有生长，生于荒地、路边、沟边或田间向阳处，海边沙地也常见。在我国分布于陕西、甘肃、山西、河南、河北、山东、江苏、浙江、江西、安徽、云南、贵州、四川、福建、广东、广西等地。生长于山坡、荒地、草丛中或水边潮湿处。

3. 碎米莎草

碎米莎草，又称三方草，莎草科莎草属一年生草本植物。

(1)形态特征

成株，秆丛生，扁三棱形，高可达25 cm。叶基生，短于秆，宽2～5 mm；鞘棕红色(图10-4)。叶状苞片3～5枚，下部的较花序长，长侧枝聚伞花序复出，辐射枝4～9个，每枝具有5～10个穗状花序，穗状花序松散，长圆状卵形(图10-5)；小穗直立，压扁，含6～22朵小花，小穗轴近无翅；鳞片宽倒卵形，顶端有干膜质边缘，黄色，背面有龙骨状突起；雄蕊3，花丝着生于环形的胼胝体上；柱头3。

籽实，小坚果倒卵形，具3锐棱，与鳞片等长，褐色，密生突起细点。花柱残留物短柱状，色深。果脐圆形或方形，边缘稍隆起，色较深。

图 10-4 碎米莎草成株

图 10-5 碎米莎草花序

幼苗，子叶留土。第一片真叶带状披针形，宽 0.5 mm，横剖面呈“U”形，有 3 条较粗的平行脉及其间的 2 条细脉，纵脉间具横脉，构成方格状网脉，叶片与叶鞘间界限不显；叶鞘膜质半透明状，有脉 10 条，其中 5 条连向叶片。

二维码 10-3
图 10-4、图 10-5 彩图

(2)发生规律

春夏季出苗，花果期夏秋季。籽实成熟即落入土壤。

(3)分布特点

为秋熟旱作物地主要杂草。干燥、湿润旱地均有发生和为害，但以湿润旱地为害较重，为稻苞虫、褐稻虱、灰稻虱及水稻铁甲虫的寄主。全国均有分布，尤以长江流域及其以南地区发生普遍。亚洲其他地区、大洋洲、非洲北部和美洲也有。

十一、 玄参科

1. 婆婆纳

婆婆纳，为玄参科婆婆纳属一年至二年生草本植物。

(1)形态特征

婆婆纳是铺散多分枝草本植物，被长柔毛，高 10～25 cm(图 11-1)。叶仅 2～4 对(腋间有花的为苞片)，具 3～6 mm 长的短柄，叶片心形至卵形，长 5～10 mm，宽 6～7 mm，每边有 2～4 个深刻的钝齿，两面被白色长柔毛(图 11-2)。总状花序较长；苞片叶状，下部的对生或全部互生；花梗比苞片略短；花萼裂片卵形，顶端急尖，果期稍增大，三出脉，疏被短硬毛；花冠淡紫色、蓝色、粉色或白色，直径 4～5 mm，裂片圆形至卵形；雄蕊比花冠短。蒴果近于肾形，密被腺毛，略短于花萼，宽 4～5 mm，凹口约为 90°，裂片顶端圆，脉不明显，宿存的花柱与凹口齐或略过之。种子背面具横纹，长约 1.5 mm。

图 11-1 婆婆纳茎叶

图 11-2 婆婆纳群体

二维码 11-1

图 11-1、图 11-2 彩图

(2)发生规律

喜光，耐半阴，忌冬季湿涝。对水肥条件要求不高，但喜肥沃、湿润、深厚的土壤。4 月上旬开始生长，花期 6—9 月，10 月底枯萎，生长适温 15～25 ℃。

(3)分布特点

喜湿润肥沃的土壤。生于农田、路旁或荒地，主要为害小麦、大麦、油菜、蔬菜、果树等作物。原产西亚，广泛分布于欧亚大陆北部和温带、亚热带地区。我国大部地区均有分布。

2. 阿拉伯婆婆纳

阿拉伯婆婆纳，别称波斯婆婆纳、大婆婆纳，是车前科婆婆纳属一年至二年生草本植物。

(1)形态特征

铺散多分枝草本植物，高 10～50 cm(图 11-3)。茎密生两列多细胞柔毛。叶 2～4 对(腋内生花的称苞片)，具短柄，卵形或圆形，长 6～20 mm，宽 5～18 mm，基部浅心形，平截或浑圆，边缘具钝齿，两面疏生柔毛(图 11-4)。

图 11-3 阿拉伯婆婆纳的叶片(1)

图 11-4 阿拉伯婆婆纳的叶片(2)

总状花序很长；苞片互生，与叶同形且几乎等大（图 11-5、图 11-6）；花梗比苞片长，有的超过 1 倍；花萼花期长仅 3～5 mm，果期增大达 8 mm，裂片卵状披针形，有睫毛，三出脉；花冠蓝色、紫色或蓝紫色，长 4～6 mm，裂片卵形至圆形，喉部疏被毛；雄蕊短于花冠。

图 11-5　阿拉伯婆婆纳花期

图 11-6　阿拉伯婆婆纳的花

蒴果肾形，长约 5 mm，宽约 7 mm，被腺毛，成熟后几乎无毛，网脉明显，凹口角度超过 90°，裂片钝，宿存的花柱长约 2.5 mm，超出凹口。种子背面具深的横纹，长约 1.6 mm。

（2）发生规律

阿拉伯婆婆纳容易进行种子繁殖，种子结果量大，生活史短，生长速度快，生长期长，具有极强的无性繁殖能力，匍匐茎着土易生不定根。种子于 4 月渐次成熟，经 3～4 个月的休眠期便可萌发，11 月上旬达到出苗高峰，偶也延至翌年春季。花期 3—4 月，果期 4—5 月。果实成熟开裂，散落种子于土壤中。

（3）分布特点

多生于路边、宅旁、旱地夏熟作物田，特别是麦田中，对作物造成严重危害（图 11-7）。原产于亚洲西部及欧洲。分布于我国华东、华中及贵州、云南、西藏东部、新疆。

图 11-7　阿拉伯婆婆纳为害小麦田

二维码 11-2　图 11-3 至图 11-7 彩图

十二、唇形科

1. 宝盖草

宝盖草，又称珍珠莲、接骨草、莲台夏枯草等，属管状花目，唇形科野芝麻属一年生或二年生植物。

(1)形态特征

茎高 10～30 cm，基部多分枝，上升，四棱形，具浅槽，常为深蓝色，几乎无毛，中空(图 12-1)。茎下部叶具长柄，柄与叶片等长或超过之，上部叶无柄，叶片均圆形或肾形，长 1～2 cm，宽 0.7～1.5 cm，先端圆，基部截形或截状阔楔形，半抱茎，边缘具极深的圆齿，顶部的齿通常较其余的大，上面暗橄榄绿色，下面稍淡，两面均疏生小糙伏毛(图 12-2)。轮伞花序 6～10 花，其中常有闭花授精的花(图 12-3)；苞片披针状钻形，长约 4 mm，宽约 0.3 mm，具缘毛。花萼管状钟形，长 4～5 mm，宽 1.7～2 mm，外面密被白色直伸的长柔毛，内面除萼上被白色直伸长柔毛外，余部无毛，萼齿 5，披针状锥形，长 1.5～2 mm，边缘具缘毛。花冠紫红或粉红色，长 1.7 cm，外面除上唇被有较密带紫红色的短柔毛外，余部均被微柔毛，内面无毛环，冠筒细长，长约 1.3 cm，直径约 1 mm，筒口宽约 3 mm，冠檐二唇形，上唇直伸，长圆形，长约 4 mm，先端微弯，下唇稍长，3 裂，中裂片倒心形，先端深凹，基部收缩，侧裂片浅圆裂片状。雄蕊花丝无毛，花药被长硬毛。花柱丝状，先端不相等 2 浅裂。花盘杯状，具圆齿。子房无毛。小坚果倒卵圆形，具三棱，先端近截状，基部收缩，长约 2 mm，宽约 1 mm，淡灰黄色，表面有白色大疣状突起。

图 12-1　宝盖草群体

图 12-2　宝盖草苗期

(2)发生规律

花期 3—5 月，果期 6—8 月。种子繁殖。

(3)分布特点

生于路旁、林缘、沼泽草地及宅旁等地，或为田间杂草(图 12-4)，生长海拔最高可达 4 000 m。华东、华中、西北、西南等地区均有分布。广泛分布于亚洲及欧洲。

图 12-3　宝盖草花序

图 12-4　宝盖草为害小麦田

2. 益母草

二维码 12-1
图 12-1 至图 12-4 彩图

益母草，又称茺蔚、甜芝麻棵、坤草，是唇形科益母草属的一年生或二年生直立草本植物。

(1)形态特征

幼苗时期，种子出土萌发。子叶阔卵形，长 2.5 mm，宽 1.5 mm，先端微凹，全缘，叶基心形，具长柄。下胚轴明显，紫红色，上胚轴不发育。初生叶 2 片，对生单叶，阔卵形，先端钝圆，叶缘有粗圆锯齿，并有短睫毛，叶基稍为心形，腹面密被白色短柔毛。背面密被长柔毛，具长柄。后生叶与初生叶相似。幼苗除下胚轴和子叶外，几乎密被茸毛。

成株时期，株高可达 1 m。茎直立，粗壮，4 棱，通常分枝，被倒向短柔毛(图 12-5)。中部叶全裂，裂片长圆状菱形，又羽状分裂，裂片宽线形，叶裂片全缘或具稀少齿。轮伞花序腋生，具 8～15 花；苞片针刺状，密被伏毛。花萼管状钟形，长 8 mm，外密被伏柔毛，具 5 刺状齿；前 2 齿较长，靠合。花冠粉红色或淡紫红色，长 1～1.5 cm，两唇形；上唇长圆形，直伸，外被白色长柔毛，里面无毛；下唇 3 裂，中裂片较大，倒心形，下唇与上唇近等长或稍短。雄蕊4 枚，花丝中部有白色长柔毛；花柱先端具相等的 2 裂。

图 12-5　益母草

二维码 12-2　图 12-5 彩图

小坚果，长圆状三棱形，果实包藏于宿萼内，长 2～2.4 mm，宽 1.2～1.6 mm，顶端截平，呈三角形，边缘向上延伸成棱并稍向外反卷，背面拱形，腹面有 1 条锐纵棱，把腹部分成两个斜面。果皮褐色至黑褐色，表面粗糙，被灰白色蜡质斑所覆盖。无光泽。果脐近三角形，脐底粗糙，与果皮同色，位于果实基端，果内含 1 粒种子。种皮薄，无胚乳，胚体白色，直生。

(2)发生规律

益母草以种子繁殖，喜温暖湿润气候、喜阳光，对土壤要求不严，一般土壤和荒山坡地均可种植，以较肥沃的土壤为佳，需要充足水分条件，但不宜积水，怕涝。花期 7—9 月，果期 9—10 月。

(3)分布特点

生长于多种环境，如荒地、路旁、田埂、山坡草地、河边，以向阳处为多，可生长于海拔 3 400 m。我国各地均有分布。

3. 夏至草

夏至草，唇形科夏至草属多年生草本植物，别称小益母草、白花益母、白花夏杜、夏枯草、灯笼棵。

(1)形态特征

披散于地面或上升，具圆锥形的主根(图 12-6)。茎高 15～35 cm，四棱形，具沟槽，带紫红色，密被微柔毛，常在基部分枝。叶轮廓为圆形，长宽 1.5～2 cm，先端圆形，基部心形，3 深裂，裂片有圆齿或长圆形犬齿，有时叶片为卵圆形，3 浅裂或深裂，裂片无齿或有稀疏圆齿，通常基部越冬叶较宽大，叶片两面均绿色，上面疏生微柔毛，下面沿脉上被长柔毛，余部具腺点，边缘具纤毛，脉掌状，3～5 出；叶柄长，基生叶长 2～3 cm，上部叶柄较短，通常在 1 cm 左右，扁平，上面微具沟槽。

轮伞花序疏花，径约 1 cm，在枝条上部者较密集，在下部者较疏松(图 12-7)；小苞片长约 4 mm，稍短于萼筒，弯曲，刺状，密被微柔毛。花萼管状钟形，长约 4 mm，外密被微柔毛，里面无毛，脉 5，凸出，齿 5，不等大，长 1～1.5 mm，三角形，先端刺尖，边缘有细纤毛，在果期明显展开，且 2 齿稍大。花冠白色，稀粉红色，稍伸出于萼筒，长约 7 mm，外面被绵状长柔毛，里面被微柔毛，在花丝基部有短柔毛；冠筒长约 5 mm，径约 1.5 mm；冠檐二唇形，上唇直伸，比下唇长，长圆形，全缘，下唇斜展，3 浅裂，中裂片扁圆形，2 侧裂片椭圆形。雄蕊 4，着生于冠筒中部稍下，不伸出，后对较短；花药卵圆形，2 室。花柱先端 2 浅裂。花盘平顶。小坚果长卵形，长约 1.5 mm，褐色，有鳞秕。

(2)发生规律

分株繁殖或种子繁殖。花期 3—4 月，果期 5—6 月。

图 12-6　夏至草

图 12-7　夏至草的花

(3)分布特点

分布于我国黑龙江、吉林、辽宁、内蒙古、河北、河南、山西、山东、浙江、江苏、安徽、湖北、陕西、甘肃、新疆、青海、四川、贵州、云南等地。

夏至草为杂草,生于路旁、旷地上,在我国西北、西南各省区分布,海拔可高达 2 600 m 以上。喜向阳湿润的环境,对土地要求不严,但喜保水能力较好的壤土。

二维码 12-3

图 12-6、图 12-7 彩图

十三、毛茛科

毛茛

毛茛,别称老虎脚迹、五虎草等,是毛茛科毛茛属多年生草本植物。

(1)形态特征

须根多数簇生。茎直立,高 30～70 cm,中空,有槽,具分枝,生开展或贴伏的柔毛(图 13-1、图 13-2)。

基生叶数枚;叶片圆心形或五角形,长及宽为 3～10 cm,基部心形或截形,通常 3 深裂不达基部,中裂片倒卵状楔形或宽卵圆形或菱形,3 浅裂,边缘有粗齿或缺刻,侧裂片不等的 2 裂,两面贴生柔毛,下面或幼时的毛较密;叶柄长达 15 cm,生开展柔毛。下部叶与基生叶相似,渐向上叶柄变短,叶片较小,3 深裂,裂片披针形,有尖齿牙或再分裂;最上部叶线形,全缘,无柄。

聚伞花序有多数花,疏散;花直径 1.5～2.2 cm;花梗长达 8 cm,贴生柔毛;萼片椭圆形,长 4～6 mm,生白柔毛;花瓣 5,倒卵状圆形,长 6～11 mm,宽 4～8 mm,基部有长约 0.5 mm 的爪,蜜槽鳞片长 1～2 mm;花药长约 1.5 mm;花托短小,无毛(图 13-3、图 13-4)。

聚合果近球形,直径 6～8 mm;瘦果扁平,长 2～2.5 mm,上部最宽处与长近相等,约为厚的 5 倍以上,边缘有宽约 0.2 mm 的棱,无毛,喙短直或外弯,长约 0.5 mm。

图 13-1 毛茛(1)

图 13-2 毛茛(2)

图 13-3 毛茛(3)

图 13-4 毛茛(4)

二维码 13-1

图 13-1 至图 13-4 彩图

(2)发生规律

多年生草本植物。种子繁殖,花果期 4—9 月。喜温暖湿润气候,日温在 25 ℃生长最好。

(3)分布特点

喜生于海拔 200～2 500 m 的田野、湿地、河岸、沟边及阴湿的草丛中,是常见杂草,稻田和旱田均有发生,对大豆、小麦、玉米等为害较重。除西藏外,我国各地广泛分布。朝鲜、日本也有分布。

十四、茜草科

1. 猪殃殃

猪殃殃,别称拉拉藤、锯锯藤、细叶茜草、锯子草、活血草等,是茜草科拉拉藤属多枝、蔓生或攀缘状草本植物。

(1)形态特征

猪殃殃为多枝、蔓生或攀缘状草本。茎四棱,棱上、叶缘及叶下面中脉上均有倒生小刺毛(图 14-1、图 14-2)。叶 4～8 片轮生,近无柄,叶片条状倒披针形,长 1～3 cm,顶端有凸尖头。聚伞花序腋生或顶生,单生或 2～3 个簇生,有黄绿色小花数朵;花瓣 4 枚,有纤细梗;花萼上也有钩毛,花冠辐射状,裂片矩圆形,长不及 1 mm。果干燥,密被钩毛,每一果室有 1 颗平凸的种子。

图 14-1 猪殃殃(1)

图 14-2 猪殃殃(2)

(2)发生规律

多于冬前出苗,也可在早春出苗,花期 4 月,果期 5 月。通过种子繁殖,种子在 8 月底或 9 月上旬,气温降至 19 ℃以下开始出土,10 月中下旬和 11 月气温降至 11～16 ℃为出土高峰期,部分在次年 3 月气温上升到 3 ℃以上出土。秋冬季幼苗生长慢,一般只有 3～5 层轮叶或分枝,对小麦的影响较小,遇上较冷的冬季有 12%～30%的猪殃殃冻死。冬后 3 月生长加快,4 月营养生长极快,一个月内轮叶可增加 5～7 轮,株高增加 25～40 cm,最后株高达 80～90 cm,与小麦株高一致或是高于小麦,有的株高可达 115 cm,高于小麦,覆盖麦穗顶部。4 月现蕾、开花,5 月种子成熟,部分种子落入麦田,全生育期 180～220 d。

二维码 14-1

图 14-1、图 14-2 彩图

(3)分布特点

生于海拔 350～4 300 m 的山坡、旷野、沟边、湖边、林缘、草地。我国华南、西南至东北各地均有分布,是长江流域及黄河中下游各地麦田主要杂草之一。日本、朝鲜、巴基斯坦等也有分布。

2. 茜草

茜草,茜草科茜草属多年生攀缘草本植物。

(1)形态特征

草质攀缘藤木,长通常为 1.5～3.5 m(图 14-3、图 14-4);根状茎和其节上的须根均为红色;茎多条,从根状茎的节上发出,细长,方柱形,有 4 棱,棱上生倒生皮刺,中部以上多分枝。

叶通常4片轮生，纸质，披针形或长圆状披针形，长0.7～3.5 cm，顶端渐尖，有时钝尖，基部心形，边缘有齿状皮刺，两面粗糙，脉上有微小皮刺；基出脉3条，极少外侧有1对很小的基出脉。叶柄长1～2.5 cm，有倒生皮刺。聚伞花序腋生和顶生，多分枝，花10余朵至数十朵，花序和分枝均细瘦，有微小皮刺；花冠淡黄色，干时淡褐色，盛开时花冠檐部直径3～3.5 mm，花冠裂片近卵形，微伸展，长约1.5 mm，外面无毛。果球形，直径通常4～5 mm，成熟时橘黄色。

图14-3　茜草(1)

图14-4　茜草(2)

二维码14-2

图14-3、图14-4彩图

(2)发生规律

茜草的繁殖方式为种子繁殖或扦插繁殖。花期8—9月，果期10—11月。茜草喜凉爽、湿润的环境。耐寒，怕积水。广泛生于疏松肥沃的土壤，喜富含有机质的砂质壤土。地势高、土壤贫瘠以及低洼易积水地均不宜种植。常生于灌丛中。

(3)分布特点

分布于我国东北、华北、西北、四川(北部)及西藏(昌都地区)等地。常生于疏林、林缘、灌丛或草地上。朝鲜、日本和俄罗斯远东地区也有分布。

十五、蔷薇科

1. 委陵菜

委陵菜，蔷薇科委陵菜属，多年生草本植物。

(1)形态特征

根粗壮，圆柱形，稍木质化。花茎直立或上升，高20～70 cm，被稀疏短柔毛及白色绢状长柔毛(图15-1)。基生叶为羽状复叶，有小叶5～15对，间隔0.5～0.8 cm，连叶柄长4～25 cm，叶柄被短柔毛及绢状长柔毛；小叶片对生或互生，上部小叶较长，向下逐渐减小，无柄，长圆形、倒卵形或长圆披针形(图15-2)，长1～5 cm，宽0.5～1.5 cm，边缘羽状中裂，裂片三角卵形，三角状披针形或长圆披针形，顶端急尖或圆钝，边缘向下反卷，上面绿色，被短柔毛或脱落几乎无毛，中脉下陷，下面被白色绒毛，沿脉被白色绢状长柔毛，茎生叶与基生叶相似，叶片对数较少；

基生叶托叶近膜质，褐色，外面被白色绢状长柔毛，茎生叶、托叶草质，绿色，边缘锐裂。

图 15-1　委陵菜幼株(1)

图 15-2　委陵菜幼株(2)

伞房状聚伞花序，花梗长 0.5～16 cm，基部有披针形苞片，外面密被短柔毛；花直径通常 0.8～1 cm，稀达 1.3 cm；萼片三角卵形，顶端急尖，副萼片带形或披针形，顶端尖，比萼片短约 1 倍且狭窄，外面被短柔毛及少数绢状柔毛；花瓣黄色，宽倒卵形，顶端微凹，比萼片稍长；花柱近顶生，基部微扩大，稍有乳头或不明显，柱头扩大。瘦果卵球形，深褐色，有明显皱纹。

二维码 15-1

图 15-1、图 15-2 彩图

(2)发生规律

委陵菜喜光、耐半阴、耐寒、耐旱、耐贫瘠，对土壤适应性强。种子繁殖，扦插和压条。花果期 4—10 月。

(3)分布特点

生于山坡、路旁、草甸、沟边或河岸，分布于我国东北、河北、山西、陕西、甘肃、山东等地。果园、苗圃常成片发生，为害较重。俄罗斯、日本、朝鲜均有分布。

2. 朝天委陵菜

朝天委陵菜，蔷薇科委陵菜属，一年生或二年生草本植物。

(1)形态特征

主根细长，并有稀疏侧根。茎平展，上升或直立，叉状分枝，长 20～50 cm，被疏柔毛或脱落几乎无毛(图 15-3)。

基生叶羽状复叶，有小叶 2～5 对，间隔 0.8～1.2 cm，连叶柄长 4～15 cm，叶柄被疏柔毛或脱落几乎无毛；小叶互生或对生，无柄，最上面 1～2 对小叶基部下延与叶轴合生，小叶片长圆形或倒卵状长圆形，通常长 1～2.5 cm，宽 0.5～1.5 cm，顶端圆钝或急尖，基部楔形或宽楔形，边缘有圆钝或缺刻状锯齿，两面绿色，被稀疏柔毛或脱落几乎无毛；茎生叶与基生叶相似，向上小叶对数逐渐减少；基生叶托叶膜质，褐色，外面被疏柔毛或几乎无毛，茎生叶托叶草质，绿色，全缘，有齿或分裂。花茎上多叶，下部花自叶腋生，顶端呈伞房状聚伞花序；花梗长

0.8～1.5 cm，常密被短柔毛；花直径 0.6～0.8 cm；萼片三角卵形，顶端急尖，副萼片长椭圆形或椭圆披针形，顶端急尖，比萼片稍长或近等长；花瓣黄色，倒卵形，顶端微凹，与萼片近等长或较短；花柱近顶生，基部乳头状膨大，花柱扩大。瘦果长圆形，先端尖，表面具脉纹，腹部鼓胀若翅或有时不明显。

图 15-3 朝天委陵菜幼株

二维码 15-2 图 15-3 彩图

(2)发生规律

朝天委陵菜适应性很强，既耐寒又耐旱，不择土壤。种子繁殖。花果期 3—10 月。

(3)分布特点

生于耕地、田边、路旁、沟边、荒地、村落或房屋周围空地。分布于我国黑龙江、吉林、内蒙古、新疆、河北、河南、陕西、甘肃、山东、山西、四川、江苏等地，是常见杂草，对蔬菜、果树、小麦、油菜、薯类等作物为害较重。

十六、大戟科

1. 铁苋菜

铁苋菜，又称海蚌含珠、小耳朵草、木夏草，大戟科铁苋菜属一年生草本植物。

(1)形态特征

幼苗时期，种子出土萌发。子叶矩圆形，长 6 mm，宽 6 mm，先端平截，全缘，叶基近圆形，三出脉，无毛，具长柄。下胚轴及上胚轴均发达，前者密被斜垂直生毛，后者密被斜垂弯生毛，初生叶 2 片，对生，卵形，先端钝尖，叶缘钝锯齿状，叶基近圆形，叶面密生短柔毛，具长柄。后生叶与初生叶相似。

成株时期，一年生草本，高 0.2～0.5 m，小枝细长，被贴柔毛，毛逐渐稀疏(图 16-1)。叶膜质，长卵形、近菱状卵形或阔披针形，长 3～9 cm，宽 1～5 cm，顶端短渐尖，基部楔形，稀圆钝，边缘具圆锯，上面无毛，下面沿中脉具柔毛(图 16-2)；基出脉 3 条，侧脉 3 对；叶柄长 2～6 cm，具短柔毛；托叶披针形，长 1.5～2 mm，具短柔毛。

图 16-1 铁苋菜(1)

图 16-2 铁苋菜(2)

雌雄花同序，花序腋生，稀顶生，长 1.5～5 cm，花序梗长 0.5～3 cm，花序轴具短毛，雌花苞片 1～2 枚，卵状心形，花后增大，长 1.4～2.5 cm，宽 1～2 cm，边缘具三角形齿，外面沿掌状脉具疏柔毛，苞腋具雌花 1～3 朵；花梗无；雄花生于花序上部，排列呈穗状或头状，雄花苞片卵形，长约 0.5 mm，苞腋具雄花 5～7 枚，簇生；花梗长 0.5 mm；雄花花蕾近球形，无毛，花萼裂片 4 枚，卵形，长约 0.5 mm；雄蕊 7～8 枚；雌花萼片 3 枚，长卵形，长 0.5～1 mm，具疏毛；子房具疏毛，花柱 3 枚，长约 2 mm，撕裂 5～7 条。

二维码 16-1

图 16-1、图 16-2 彩图

蒴果直径 4 mm，具 3 个分果片，果皮具疏生毛和毛基变厚的小瘤体；种子近卵形，长 1.5～2 mm，种皮平滑，常有白膜质状蜡层，假种阜细长；花果期 4—12 月。

(2)发生规律

铁苋菜花期 5—7 月，果期 7—8 月。种子繁殖。

(3)分布特点

铁苋菜常见于耕地、田边、路旁、沟边、村落或房屋周围空地，在我国除西部高原或干燥地区外，大部分地区均有分布。俄罗斯远东地区、朝鲜、日本、菲律宾、越南、老挝也有分布。生于海拔 20～1 900 m 平原或山坡较湿润耕地和空旷草地，有时也生于石灰岩山疏林下。

2. 泽漆

泽漆，别称五灯头草、乳腺草、五朵云，大戟科大戟属一年生草本植物。

(1)形态特征

全株含乳汁。茎基部分枝，带紫红色；叶互生，倒卵形或匙形，先端微凹，边缘中部以上有细锯齿，无柄(图 16-3、图 16-4)；总花序多歧聚伞状，杯状聚伞花序钟形；蒴果无毛；种子卵形。

根纤细，长 7～10 cm，直径 3～5 mm，下部分枝。茎直立，单一或自基部多分枝，分枝斜展向上，高 10～50 cm，直径 3～7 mm，光滑无毛。叶互生，倒卵形或匙形，长 1～3.5 cm，宽 5～

15 mm，先端具牙齿，中部以下渐狭或呈楔形；总苞叶 5 枚，倒卵状长圆形，长 3～4 cm，宽 8～14 mm，先端具牙齿，基部略渐狭，无柄；总伞幅 5 枚，长 2～4 cm；苞叶 2 枚，卵圆形，先端具牙齿，基部呈圆形。花序单生，有柄或近无柄；总苞钟状，高约 2.5 mm，直径约 2 mm，光滑无毛，边缘 5 裂，裂片半圆形，边缘和内侧具柔毛；腺体 4，盘状，中部内凹，基部具短柄，淡褐色。雄花数枚，明显伸出总苞外；雌花 1 枚，子房柄略伸出总苞边缘。蒴果三棱状阔圆形，光滑，无毛；具明显的三纵沟，长 2.5～3.0 mm，直径 3～4.5 mm；成熟时分裂为 3 个分果片。种子卵状，长约 2 mm，直径约 1.5 mm，暗褐色，具明显的脊网；种阜扁平状，无柄。

图 16-3　泽漆(1)

图 16-4　泽漆(2)

二维码 16-2
图 16-3、图 16-4 彩图

(2)发生规律

一年生，花期 4—5 月，果期 6—7 月。繁殖方法一般为播种繁殖，以幼苗或种子越冬。

(3)分布特点

喜温暖湿润气候，稍耐荫蔽，较耐湿。多生于山沟、路旁、荒野和山坡。我国主要分布于宁夏、河南、山东等地，欧亚大陆和北非也有分布。泽漆主要为害麦类、油菜、马铃薯、蔬菜等作物。

3. 地锦草

地锦草，又称红丝草、奶汁草、抓地锦、花被单、血见愁。是大戟科大戟属一年生草本植物。

(1)形态特征

幼苗时期，种子出土萌发(图 16-5)。子叶椭圆形，长 3 mm，宽 1.5 mm，先端钝圆，全缘，叶基近圆形，有明显短波纹状叶脉，具短柄，下胚轴明显带红色，上胚轴不发育。初生叶 2 片，对生单叶，倒卵形，先端平截，具深凹，全缘，叶基楔形，有明显短波纹状叶脉，腹面灰绿色，背面红色。具短柄。随着幼苗生长，子叶腋里长出分枝，枝上叶对生，叶片呈阔椭圆形或倒卵形，先端微凹或急尖，全缘，叶基近圆形，具短柄。幼苗全株无毛，呈暗绿色或紫红色，折断茎、叶有白色乳汁溢出。

成株时期，一年生草本，含乳汁。茎纤细，匍匐，多分枝，平卧，常带红色，具疏柔毛或无毛

(图 16-6)。叶对生,叶片长圆形,长 5～10 mm,宽 3～7 mm,先端钝圆,基部偏斜、叶缘具细齿,边缘有细锯齿或近全缘,绿色或带紫红色,两面无毛或疏生柔毛;叶柄短;托叶细锥形,羽状细裂(图 16-7)。杯状聚伞花序,单生于分枝的叶腋,总梗短或无梗。总苞倒圆锥形,浅红色,长约 1 mm,顶端 4 裂,裂片三角形,花单性,雌雄同序,无花被;裂片膜质,长三角形。裂片间有腺体。腺体扁椭圆形,具花瓣状附属物。子房 3 室,花柱 3 枚,顶端 2 裂。

蒴果三棱状阔卵形,棱角上有长柔毛,棱间光滑无毛,成熟时 3 瓣裂,每瓣 1 粒种子。种子四棱状倒阔卵形,长 1～1.3 mm,宽 1 mm。种皮淡红褐色至暗褐色,并具有 6～7 条横细脊棱,表面被一薄层白色蜡质物。种脐圆点状,位于种子腹面基端。内脐稍突起,位于种子相对一端,自种脐沿着种子腹面中间直至内脐中心有一条隆起的褐色线状种脊。种皮薄、内含一直生胚,藏于胚乳中。

图 16-5　地锦草(1)

图 16-6　地锦草(2)

图 16-7　地锦草(3)

二维码 16-3　图 16-5 至图 16-7 彩图

(2)发生规律

种子繁殖,喜温暖湿润气候,稍耐荫蔽,较耐湿。花期 6—9 月,果期 7—10 月。

(3)分布特点

生于田间、地边、山坡荒地、河滩、岸边、路旁。在我国除广东、广西外,大部分地区均有分布,以北部地区更普遍。常混生在果园、林园及各种作物播种地,主要为害棉花、豆类、薯类、蔬菜等作物。

4. 斑地锦

斑地锦,别称仰卧大戟、血筋草。大戟科大戟属一年生草本植物。

(1)形态特征

幼苗时期,种子出土萌发。子叶矩圆形,长 2.5 mm,宽 2 mm,全缘,红色,具短柄。下胚轴明显,上胚轴不发育,初生叶 2 片,对生,单叶,倒阔卵形,先端钝圆,或具疏细齿,全缘,叶基阔楔形,无明显叶脉,但叶片中央有明显紫红色斑点,具短柄。后生叶与初生叶相似,叶顶部有明显的锯齿。幼苗体内含有白色乳状液,全株光滑无毛。

一年生匍匐小草本(图 16-8)。茎柔细,弯曲,匍匐地上,高 10～30 cm,含白色乳汁,根纤细;分枝较密,枝柔细,带淡紫色,有白色细柔毛(图 16-9)。叶小、对生,成 2 列,长椭圆形,长 5～8 mm,宽 2～3 mm,先端具短尖头,基部偏斜,边缘中部以上疏生细齿,上面暗绿色,中央具暗紫色斑纹,下面被白色短柔毛;叶柄长仅 1 mm 或几乎无柄;托叶线形,通常 3 深裂,杯状聚伞花序,单生于枝腋和叶腋,呈暗红色;总苞钟状,4 裂;具腺体 4 枚,腺体横椭圆形,并有花瓣状附属物;总苞中包含由 1 枚雄蕊所成的雄花数朵,中间有雌花 1 朵,具小苞片,花柱 3 枚,子房有柄,悬垂于总苞外。

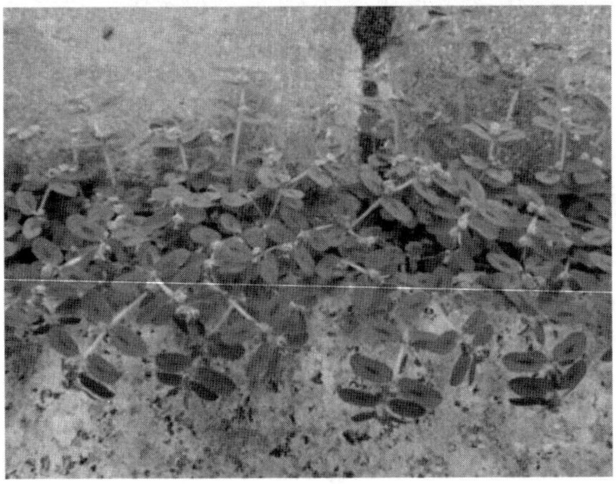

图 16-8　斑地锦(1)

图 16-9　斑地锦(2)

二维码 16-4

图 16-8、图 16-9 彩图

蒴果三棱状阔卵形,直径约 2 mm,果皮密被糙状毛,成熟时 3 瓣裂,每瓣内含 1 粒种子。种子四棱状倒卵形,长约 1 mm,宽 0.5 mm,棱间各面均有 3～4 条横脊,种子顶端截平,基部钝圆。种皮红褐色,表面覆盖一薄层灰白色的蜡质物。种脐小,卵形,褐色,脐缘呈粉白色,位于种子基端,内脐点状,稍突起,自种脐沿着种子腹部至内脐区有一条呈线状种脊。种子无种阜,胚直生,位于胚乳中。

(2)发生规律

种子繁殖。花期 5—6 月,果期 8—9 月。

(3)分布特点

生于原野荒地、山野、路边、园圃、平原或低山坡的路旁湿地。在我国分布于江苏、江西、浙江、湖北、河南、河北。原产北美,归化于欧亚大陆。

十七、千屈菜科

节节菜

节节菜,是千屈菜科节节菜属一年生草本植物。

(1)形态特征

株高 10～15 cm,其茎分枝多,节上生根,基部匍匐,上部直立或稍披散;叶对生、近无柄(图 17-1),倒卵状椭圆形或矩圆状倒卵形,长 4～17 mm,宽 3～8 mm,侧枝上的叶仅长约 5 mm,先端近圆或钝而有小尖头,基部楔形渐窄,下面叶脉明显,边缘为软骨质。花小,长不及 3 mm,通常组成腋生的长 8～25 mm 的穗状花序,稀单生,苞片叶状,长圆状倒卵形,长 4～5 mm,小苞片 2 枚,极小,线状披针形,长约为花萼的 1/2 或稍过之;萼筒管状钟形,膜质,半透明,长 2～2.5 mm,裂片 4,披针状三角形,顶端渐尖;花瓣 4 片,极小,倒卵形,长不及萼裂片的 1/2,花瓣呈淡红色,宿存;雄蕊 4 枚;子房椭圆形,顶端狭,长约 1 mm,花柱丝状,长为子房的 1/2 或相近。蒴果椭圆形,稍有棱,长约 1.5 mm,常 2 瓣裂。

图 17-1　节节菜

二维码 17-1　图 17-1 彩图

(2)发生规律

喜光照充足,但无日光直射的环境,喜温暖至凉爽,忌干旱,怕低温,18～28 ℃时生长良好,越冬温度不宜低于 15 ℃。主要以分株、播种的方式繁殖。花期 9—10 月,果期 10 月至翌年 4 月。

(3)分布特点

节节菜分布于我国广东、广西、湖南、江西、福建、浙江、江苏、安徽、湖北、陕西、四川、贵州、云南等地;在印度、斯里兰卡、印度尼西亚、菲律宾、日本和俄罗斯等国也有分布;常生于秋季稻田或湿地中。

十八、藜科

1. 小藜

小藜,是藜科藜属一年生草本植物。

(1)形态特征

幼苗子叶线形,肉质,基部紫红色,有短叶柄。初生叶线形,先端钝,基部楔形,全缘,叶下略呈紫红色,有短柄(图 18-1)。下胚轴与上胚轴均较发达,玫瑰红色。后生叶披针形,常于基部有 2 个较短的裂片,叶缘具波状齿。成株株高 20～50 cm。茎直立,有分枝,有绿色纵条纹,幼茎常密被粉粒。叶互生,有柄,长圆状卵形,长 2～5 cm,宽 1～3 cm,先端钝,边缘有波状齿,下部的叶近基部有 2 个较大的裂片,两面疏生粉粒。花序穗状或圆锥状;腋生或顶生。花两性。花被片 5 片,先端钝,淡绿色。雄蕊 5 枚,长于花被(图 18-2)。柱头 2 枚,线形。胞果包于花被内,果皮膜质。种子直径约 1 mm,圆形,边缘有棱,黑色,有光泽,表面有明显的蜂窝状网纹。

图 18-1　小藜幼株

图 18-2　小藜花期

二维码 18-1
图 18-1、图 18-2 彩图

(2)发生规律

种子繁殖。3 月出苗,花果期 4—6 月,果期在 5—7 月。

(3)分布特点

普通田间杂草,有时也生于荒地、道旁、垃圾堆等处。在我国分布于江苏、山东、吉林、辽宁、河北、湖北、广东、云南等地。西伯利亚、中亚、欧洲地区也有分布。

2. 刺藜

刺藜，又称刺穗藜、针尖藜，藜科藜属一年生草本植物。

(1)形态特征

成株，茎直立，多分枝，高 15～40 cm，有条纹(图 18-3)。叶有短柄；叶片披针形或线形，长 2～7 cm，宽 4～10 mm，全缘先端急尖，基部渐狭，主脉明显。二歧聚伞花序顶生或腋生，最末端分枝针刺状(图 18-4)；花小，两性，单生，近无柄；花被片 5 片，长圆形，背部中央稍肥厚，绿色，边缘膜质，果时开展，雄蕊 5 枚。

图 18-3　刺藜成株

图 18-4　刺藜花序

籽实，胞果圆形，顶基稍压扁，果皮膜质，与种子贴生；种子横生，圆形，边缘具棱，黑褐色，有光泽。

幼苗，子叶长椭圆形，长约 3 mm，先端急尖或钝圆，基部楔形，叶背常带紫红色；具柄。初生叶 1 片，狭披针形，叶面疏生短毛，具短柄。上胚轴与下胚轴均较发达，下胚轴被短毛。

二维码 18-2

图 18-3、图 18-4 彩图

(2)发生规律

花期 8—9 月，果期 10 月。种子繁殖。

(3)分布特点

生于农田、路旁、荒地、山坡或房顶，适生于砂质土壤，极耐旱，对部分夏、秋作物为害较重，为农田常见杂草。分布于我国东北、华北、西北及四川、江苏等地；朝鲜、日本、西伯利亚、中亚地区、欧洲和北美也有分布。

3. 地肤

地肤，别称扫帚菜，藜科地肤属一年生草本植物。

(1)形态特征

高 50～100 cm。根略呈纺锤形。茎直立，圆柱状，淡绿色或带紫红色(图 18-5)，有多条棱，稍有短柔毛或下部几乎无毛；分枝稀疏，斜上。叶为平面叶，披针形或条状披针形，长 2～

5 cm，宽 3～9 mm，无毛或稍有毛，先端短渐尖，基部渐狭伸入短柄，通常有 3 条明显的主脉，边缘有疏生的锈色绢状缘毛；茎上部叶较小，无柄，1 脉。

图 18-5　地肤

二维码 18-3　图 18-5 彩图

花两性或雌性，通常 1～3 个生于上部叶腋，构成疏穗状圆锥形花序，花下有时有锈色长柔毛；花被近球形，淡绿色，花被裂片近三角形，无毛或先端稍有毛；翅端附属物三角形或倒卵形，有时近扇形，膜质，脉不明显，边缘微波状或具缺刻；花丝丝状，花药淡黄色；柱头 2 枚，丝状，紫褐色，花柱极短。

胞果扁球形，果皮膜质，与种子离生。种子卵形，黑褐色，长 1.5～2 mm，稍有光泽；胚环形，胚乳块状。

(2)发生规律

种子繁殖，春季出苗，花期 6—9 月，果期 7—10 月。种子于 8—10 月成熟。

(3)分布特点

生长于山野荒地、田野、路旁。对环境适应性较强，喜温、喜光、耐干旱，不耐寒，对土壤要求不严格，较耐碱性土壤。肥沃、疏松、含腐殖质多的土壤利于其旺盛生长。全国均有分布，以北方地区更普遍，是农田重要杂草，混生在各种旱田作物中，对大豆、玉米、蔬菜、果树等为害较重。亚洲、欧洲及北非等地也有分布。

4. 碱蓬

碱蓬，别称灰绿碱蓬、碱蒿子等，为藜科碱蓬属的一年生草本植物。

(1)形态特征

高 30～150 cm。茎直立，粗壮，圆柱状，浅绿色，有条棱，上部多分枝；枝细长，上升或斜伸(图 18-6)。叶丝状条形，半圆柱状，通常长 1.5～5 cm，宽约 1.5 mm，灰绿色，光滑无毛，稍向上弯曲，先端微尖，基部稍收缩。

花两性兼有雌性，单生或 2～5 朵团集，大多着生于叶的近基部处；两性花花被杯状，长 1～1.5 mm，黄绿色；雌花花被近球形，直径约 0.7 mm，较肥厚，灰绿色；花被裂片卵状三角形，先端钝，果时增厚，使花被略呈五角星状，干后变黑色；雄蕊 5 枚，花药宽卵形至矩圆形，长约 0.9 mm；柱头 2 枚，黑褐色，稍外弯。胞果包在花被内，果皮膜质。种子横生或斜生，双凸镜形，黑色，直径约 2 mm，周边钝或锐，表面具清晰的颗粒状点纹，稍有光泽；胚乳很少。

图 18-6 碱蓬

二维码 18-4 图 18-6 彩图

(2)发生规律

春季萌发，发芽期长，夏季尚见幼苗，花期 7—8 月，果期 9 月。种子繁殖。此草不仅强烈消耗地力，而且能将土壤深层的盐碱吸上来，积累于地表，使土壤进一步盐碱化。

(3)分布特点

生长于海滨、荒地、渠岸、田边等含盐碱的土壤中。抗逆性强，耐盐，耐湿，耐瘠薄，在氯化钠含量 0.031%～4.356%的土壤中能正常开花结实。在河谷、渠边潮湿地段和土壤极其瘠薄的盐滩光板地均能正常生长发育。常成单种群落，或与盐地碱蓬等混生一起，适生于盐碱地。于夏、秋作物田中均较常见。部分农田发生量较大。为农田常见杂草。分布于东北、西北、华北、河南、山东、江苏、浙江等地。俄罗斯(西伯利亚及远东)、朝鲜、日本等地也有分布。

十九、豆科

1. 大巢菜

大巢菜，别称救荒野豌豆，豆科野豌豆属，越年生或一年生草本植物。

(1)形态特征

主根明显，长 20～40 cm，根幅 20～25 cm，有根瘤。茎柔嫩有条棱，有细软毛或无毛，匍匐向上或半攀缘状，长 60～200 cm，分枝 30～50 个(图 19-1)。偶数羽状复叶，小叶 6～10 对，叶片长 1～2 cm，宽 5 mm，呈矩形或倒卵圆形，先端凹入，中央有突尖；叶轴长 4～8 cm，顶端有分枝的卷须，缠于他物上。托叶半箭形或戟形，有 1～3 枚披针形裂齿，长 2～3 mm。蝶形花 1～2 朵，腋生，紫红、粉红或白色，花梗极短或无(图 19-2、图 19-3)。子房被黄柔毛，短柄，花柱背面顶端有茸毛。荚果扁，长 3～6 cm，宽 5～6 mm，成熟时为黄色或褐色，含种子 5～12 粒，种子扁圆或钝圆(图 19-4)。种子色泽有黄、白、灰、黑、淡粉红、青、褐、暗红、或有斑纹等。

图 19-1　大巢菜群体

图 19-2　大巢菜花期

图 19-3　大巢菜的花

图 19-4　大巢菜豆荚

二维码 19-1
图 19-1 至图 19-4 彩图

(2)发生规律

苗期 11 月至翌年春，花果期 3—6 月。果实随熟随开裂，散出种子。同时也掺于收获物中进行传播。

(3)分布特点

生于山脚草地、路旁、灌木林下或农田中，是夏熟作物田为害较为严重的杂草。冬麦区麦田发生普遍，危害较大。此外，在春麦区也有发生，同时也为害油菜等作物。果园、桑园、荒地、路旁也大量发生，有时成纯种群。分布遍及全国各地，尤以长江以南、南岭以北地区发生较重。原产于欧洲南部，亚洲西部，目前遍及世界各地。

2. 长萼鸡眼草

长萼鸡眼草，是豆科鸡眼草属一年生草本植物。

(1)形态特征

高 7～15 cm。茎平伏，上升或直立，多分枝，茎和枝上，疏生向上的白毛，有时仅节处有毛。

叶为三出羽状复叶；托叶卵形，长 3～8 mm，比叶柄长或有时相近，边缘通常无毛(图 19-5)；叶柄短；小叶纸质，倒卵形、宽倒卵形或倒卵状楔形，长 5～18 mm，宽 3～12 mm，先端微凹或近截形，基部楔形，全缘；下面中脉及边缘有毛，侧脉多而密。花常 1～2 朵腋生；小苞片较萼筒稍短、稍长或近等长，生于萼下，其中 1 枚很小，生于花梗关节之下，常具 1～3 条脉；花梗有毛；花萼膜质，阔钟形，5 裂，裂片宽卵形，有缘毛；花冠上部暗紫色，长 5.5～7 mm，旗瓣椭圆形，先端微凹，下部渐狭成瓣柄，较龙骨瓣短，翼瓣狭披针形，与旗瓣近等长，龙骨瓣钝，上面有暗紫色斑点；雄蕊二体(9+1)。荚果椭圆形或卵形，稍侧偏，长约 3 mm，常较萼长 1.5～3 倍。

图 19-5　长萼鸡眼草

二维码 19-2　图 19-5 彩图

(2)发生规律

花期 7—8 月，果期 8—10 月。种子繁殖。部分果园和旱秋作物受害较重。

(3)分布特点

生于耕地、田边、路旁、沟边、荒地或林边草地。分布于东北、河北、山西、陕西、甘肃、河南、山东、江苏、浙江、安徽、江西等地。

3. 含羞草

含羞草，豆科含羞草属多年生草本或亚灌木植物。

(1)形态特征

高可达 1 m；茎圆柱状，具分枝，有散生、下弯的钩刺及倒生刺毛。托叶披针形，长 5～10 mm，有刚毛(图 19-6)。羽片和小叶触之即闭合而下垂；羽片通常 2 对，指状排列于总叶柄的顶端，长 3～8 cm；小叶 10～20 对，线状长圆形，长 8～13 mm，宽 1.5～2.5 mm，先端急尖，边缘具刚毛。头状花序圆球形，直径约 1 cm，具长总花梗，单生或 2～3 个生于叶腋(图 19-7)；花小，淡红色，多数；苞片线形；花萼极小；花冠钟状，裂片 4，外面被短柔毛；雄蕊 4 枚，伸出于花冠之外；子房有短柄，无毛；胚珠 3～4 颗，花柱丝状，柱头小。荚果长圆形，长 1～2 cm，宽约 5 mm，扁平，稍弯曲，荚缘波状，具刺毛，成熟时荚节脱落，荚缘宿存；种子卵形，长 3.5 mm。

图 19-6　含羞草(1)

图 19-7　含羞草(2)

(2)发生规律

花期 3—10 月,果期 5—11 月,种子繁殖。在受到触动时,叶柄下垂,小叶片合闭。喜温暖湿润,对土壤要求不高。

二维码 19-3
图 19-6、图 19-7 彩图

(3)分布特点

生于山坡丛林、路旁、潮湿地,也有地方栽培。分布于我国华东、华南和西南各地,以广东、云南等地区最多,是薯类、花生等旱地作物田较常见的杂草,部分农作物受害较重。

4. 野豌豆

野豌豆,又称滇野豌豆、黑荚巢菜,豆科野豌豆属多年生草本植物。

(1)形态特征

高 30～100 cm。根茎匍匐,茎柔细斜升或攀缘,具棱,疏被柔毛。偶数羽状复叶长 7～12 cm,叶轴顶端卷须发达(图 19-8);托叶半戟形,有 2～4 裂齿;小叶 5～7 对,长卵圆形或长圆披针形,长 0.6～3 cm,宽 0.4～1.3 cm,先端钝或平截,微凹,有短尖头,基部圆形,两面被疏柔毛,下面较密。短总状花序,花 2～4 朵,腋生;花萼钟状,萼齿披针形或锥形,短于萼筒;花冠红色或近紫色至浅粉红色,稀白色(图 19-9);旗瓣近提琴形,先端凹,翼瓣短于旗瓣,龙骨瓣内弯,最短;子房线形,无毛,胚珠 5,子房柄短,花柱与子房连接处呈近 90°夹角;柱头远轴面有一束黄髯毛。荚果长圆状,近菱形,长 2.1～9 cm,宽 0.5～0.7 cm,成熟时亮黑色,先端具喙,微弯。种子 5～7 cm,扁圆球形,表皮棕色有斑,种脐长相当于种子圆周的 2/3。

(2)发生规律

野豌豆通常 4 月返青,花期 6 月,果期 7—8 月,9 月枯黄,种子繁殖。

(3)分布特点

生于海拔 1 000～2 200 m 的山坡、林缘草丛。

图 19-8　野豌豆(1)

图 19-9　野豌豆(2)

5. 野大豆

二维码 19-4
图 19-8、图 19-9 彩图

野大豆，又称崂豆、乌豆、野毛豆、野黑豆、鹿藿。豆科大豆属一年生缠绕草本植物。

(1)形态特征

幼苗时期种子出土萌发。子叶阔卵形，长 1 cm，宽 0.6 cm，先端钝圆，全缘，叶基近圆形，有明显叶脉，无毛，具短柄。下胚轴非常发达，上胚轴也较发达，并有垂直柔毛。初生叶 2 片，对生，单叶，卵形，先端急尖，全缘，叶基心形，具长柄，柄上密生短柔毛，托叶细小，呈三角形。后生叶为三出羽状复叶，小叶形态与初生叶相似。

成株时期主根细长，可达 20 cm 以上，侧根稀疏，蔓茎纤细，略带四棱形，密披浅黄色，紧贴长硬毛(图 19-10)。叶互生，3 小叶，总叶柄长 2～5.5 cm，被浅黄色硬毛；小叶片长卵状披针形、披针状长椭圆形或卵形，长 2～6.5 cm，宽 1～3.5 cm，基部菱状楔形、宽楔形或近圆形，先端渐尖或少有钝状。具短尖头，侧生小叶片基部常偏斜，表面绿色，背面浅绿色，两面均有浅黄色紧贴硬毛，叶脉于两面稍隆起，全缘，小叶柄根短，密披棕褐色硬毛，基部具小托叶，细小呈针状。花蝶形，淡红紫色，腋生总状花序(图 19-11)，花萼钟状，5 裂，旗瓣近圆形，雄蕊常为 10 枚，单体。子房上位，1 室。

图 19-10　野大豆(1)

图 19-11　野大豆(2)

二维码 19-5
图 19-10、图 19-11 彩图

荚果椭圆形，微弯曲，长约 3 cm。果皮棕黄色，表面密被金黄色硬毛。成熟时开裂，内含 2～4 粒种子。种子肾状阔椭圆形，两端拱圆，长 3～5 mm，宽 2.5～3.5 mm。种皮黑色，外被一层黄白色附属物，表面粗糙，无光泽。种脐矩椭圆形，长约 2 mm，黄褐色，脐沟呈黄白色，晕环隆起，呈黑色。种瘤呈 2 个突起，与种皮同色，并与种脐相连。种子无胚乳，胚体大，子叶肥厚，胚根粗短。

(2)发生规律

一年生缠绕草本，喜阴湿环境，在低湿地带常成片生长，出现优势或单一种群，花期 5—6 月，果期 9—10 月。一般为种子繁殖。

(3)分布特点

生于耕地、田边、路旁、沟边、岸边湿地、柳丛间及林下草地。我国分布于东北、河北、山东、甘肃、陕西、四川、安徽、湖南、湖北等地。日本、朝鲜、欧洲东部也有分布。

二十、木贼科

1. 问荆

问荆，又称笔头草、马草、接骨草、马虎刚，木贼科木贼属植物。

(1)形态特征

成株，草本；根状茎长而横走；地上茎二型，软草质；营养茎在孢子茎枯萎后生出，高 15～60 cm，具 6～12 条纵棱，分枝轮生(图 20-1)，中实，鲜绿色，表面粗糙；叶退化成鞘，鞘齿披针形，黑褐色，边缘灰白色，厚草质，不脱落；孢子茎早春先发，高 5～20 cm，常呈紫褐色，肉质，粗壮，单一(图 20-2)，叶鞘较孢子叶长而大；孢子囊顶生，椭圆形，钝头；孢子叶盾状，下面生 6～8 个孢子囊；孢子一型，孢子成熟后孢子茎即枯萎。

图 20-1　问荆成株

图 20-2　问荆孢子茎

(2)发生规律

以根状茎繁殖为主,也可进行孢子繁殖。

(3)分布特点

陆生,喜潮湿多肥的黑土,在微酸性至中性土壤地带普遍生长。生于田间、果园、沟旁、荒地、路边;因根茎发达、蔓延迅速,难以清除,是为害小麦、油菜、马铃薯、甜菜等夏收作物与果树的恶性杂草,发生量大,为害重。分布于我国浙江、山东、江苏、安徽、新疆、四川、西藏、东北、华北、西北、西南等地。

二维码 20-1

图 20-1、图 20-2 彩图

2. 节节草

节节草,又称土麻黄、黄麻黄、木贼草,木贼科木贼属植物。

(1)形态特征

近水草本(图 20-3);根状茎黑色,表面具粗糙的硅质突起;地上茎一型,灰绿色,细瘦,高 20～45 cm,最高可达 1 m 以上,纵棱具硅质瘤状突起,极粗糙,基部分枝(图 20-4);叶鞘状,鞘长为宽的 2 倍;鞘齿三角形,黑色,具易脱落的膜质尾尖;鞘片背无棱背;孢子囊长圆形,尖头;孢子叶六角形,中央凹入;孢子一型。

图 20-3　节节草成株

图 20-4　节节草地上茎

(2)发生规律

多年生杂草;以根状茎繁殖或以孢子繁殖。一年中主要生长期在 3—11 月,12 月至翌年 2 月为休眠期。

(3)分布特点

喜近水生,生于湿地、溪边、湿砂地、路旁、田间、果园、茶园,为麦类、油菜等夏作作物和棉花、玉米、甘薯等秋收作物以及果树、茶树的常见杂草,发生量小,为害轻。分布于我国各地;亚洲、欧洲、非洲温带地区也有分布。

二维码 20-2

图 20-3、图 20-4 彩图

二十一、天南星科

半夏

半夏，又称三棱草、三叶半夏、小天老星、地文、守田、羊眼半夏、蝎子草、麻芋果、三步跳等，属天南星目、天南星科半夏属多年生草本植物。

(1)形态特征

块茎圆球形，直径 1～2 cm，具须根。叶 2～5 枚，有时 1 枚(图 21-1)。叶柄长 15～20 cm，基部具鞘，鞘内、鞘部以上或叶片基部(叶柄顶头)有直径 3～5 mm 的珠芽，珠芽在母株上萌发或落地后萌发(图 21-2)；幼苗叶片卵状心形至戟形，为全缘单叶，长 2～3 cm，宽 2～2.5 cm；老株叶片 3 全裂，裂片绿色，背淡，长圆状椭圆形或披针形，两头锐尖，中裂片长 3～10 cm，宽 1～3 cm；侧裂片稍短；全缘或具不明显的浅波状圆齿，侧脉 8～10 对，细弱，细脉网状，密集，集合脉 2 圈。

花序柄长 25～35 cm，长于叶柄。佛焰苞绿色或绿白色，管部狭圆柱形，长 1.5～2 cm；檐部长圆形，绿色，有时边缘青紫色，长 4～5 cm，宽 1.5 cm，钝或锐尖。肉穗花序：雌花序长 2 cm，雄花序长 5～7 mm，中间隔 3 mm；附属器绿色变青紫色，长 6～10 cm，直立，有时呈“S”形弯曲。浆果卵圆形，黄绿色，先端渐狭为明显的花柱。

图 21-1　半夏(1)

图 21-2　半夏(2)

(2)发生规律

花期 5—7 月，果 8 月成熟。半夏的繁殖可分为有性繁殖和无性繁殖两种方式。

(3)分布特点

除内蒙古、新疆、青海、西藏尚未发现野生半夏外，全国各地广泛分布，生长于海拔 2 500 m 以下，常见于草坡、荒地、玉米地、田边或疏林下，是旱地中的杂草之一。朝鲜、日本也有分布。

二维码 21-1

图 21-1、图 21-2 彩图

二十二、夹竹桃科

1. 罗布麻

罗布麻，别称红麻、茶叶花、野麻、野茶等，直立半灌木，为夹竹桃科罗布麻属亚灌木植物。

(1)形态特征

成株株高 50～200 cm，最高可达 4 m，全株具乳汁。直根粗壮。茎直立，圆柱形，多分枝，枝条通常对生，无毛，紫红色或淡红色。叶对生，叶片长椭圆形、长圆状披针形或卵状披针形，长 1～5 cm，宽 4～15 mm(图 22-1)，先端急尖或钝，有短尖头，基部楔形或圆形，边缘有不明显细锯齿；叶柄长 3～5 mm，叶柄腋间有腺体。聚伞花序顶生；苞片披针形，长约 4 mm(图 22-2)；花萼 5 深裂，长约 2 mm，暗淡紫红色，裂片披针形或卵状披针形，有短柔毛，边缘膜质；花冠筒状钟形，花冠筒长约 6 mm，花冠裂片比筒部短，粉红色或浅紫红色，5 裂，裂片卵状三角形，具紫红色脉纹，两面具颗粒状突起；雄蕊 5 枚，着生于花冠筒基部，雄蕊的花药黏合成锯状体，顶端锥状尖；心皮 2 个，离生。

图 22-1　罗布麻叶片

图 22-2　罗布麻花序

籽实，蓇葖果，箸状圆筒形，双生，下垂，长 10～20 cm，直径 3～4 mm；种子多数，卵状长圆形，黄褐色，长 2～3 mm，直径 0.5～0.7 mm，顶端具白色种毛。

(2)发生规律

直立半灌木。4—5 月出苗，花期 6—7 月，果期 7—10 月。种子风播，通过根芽及种子繁殖。

(3)分布特点

生长于河岸、山沟、山坡的砂质地，为麦类、棉花、玉米和豆类等旱作物及果园常见的杂草(图 22-3)，发生量小，为害轻。在我国淮河、秦岭、昆仑山以北各地区都有分布。欧洲、亚洲及其他温带地区也有分布。

图 22-3 罗布麻为害小麦田

二维码 22-1 图 22-1 至图 22-3 彩图

2. 萝藦

萝藦,别称斫合子、白环藤、羊婆奶、婆婆针落线包、羊角、天浆壳、麻雀棺材,夹竹桃科萝藦属多年生草质藤本植物。

(1)形态特征

株长可达 8 m,具乳汁。茎圆柱状,下部木质化,上部较柔韧,表面淡绿色,有纵条纹(图 22-4),幼时密被短柔毛,老时被毛渐脱落。叶膜质,卵状心形,长 5～12 cm,宽 4～7 cm,顶端短渐尖,基部心形,叶耳圆,长 1～2 cm,两叶耳展开或紧接,叶面绿色,叶背粉绿色,两面无毛,或幼时被微毛,老时被毛脱落;侧脉每边 10～12 条,叶背略明显;叶柄长 3～6 cm,顶端具丛生腺体。总状式聚伞花序腋生或腋外生,具长总花梗;总花梗长 6～12 cm,被短柔毛;花梗长 8 mm,被短柔毛,着花通常 13～15 朵;小苞片膜质,披针形,长 3 mm,顶端渐尖;花蕾圆锥状,顶端尖;花萼裂片披针形,长 5～7 mm,宽 2 mm,外面被微毛;花冠白色,有淡紫红色斑纹,近辐状,花冠筒短,花冠裂片披针形,张开,顶端反折,基部向左覆盖,内面被柔毛;副花冠环状,着生于花蕊上,短5 裂,裂片兜状;雄蕊连生呈圆锥状,并包围雌蕊在其中,花药顶端具白色膜片;花粉块卵圆形,下垂;子房无毛,柱头延伸成 1 长喙,顶端 2 裂。蓇葖果双生,纺锤形,平滑无毛,长 8～9 cm,直径 2 cm,顶端急尖,基部膨大(图 22-5);种子扁平,卵圆形,长 5 mm,宽 3 mm,有膜质边缘,褐色,顶端具白色绢质种毛,种毛长 1.5 cm。萝藦的种子在果实内部环绕一根中轴排列,当果实裂开时,就像放开了压缩的弹簧,展开的绢毛带着轻小的种子"涌"出果壳,随风而去。

图 22-4 萝藦

图 22-5 萝藦的果实

(2)发生规律

喜微潮偏干的土壤环境，稍耐干旱；喜充足的日光直射，稍耐阴；喜温暖，耐低温。花期 6—9 月，果期 9—12 月。

(3)分布特点

我国分布于东北、华北、华东地区和甘肃、陕西、贵州、河南和湖北等地。日本、朝鲜、俄罗斯也有分布。生长于林边荒地、山脚、河边、路旁灌木丛中。

二维码 22-2

图 22-4、图 22-5 彩图

二十三、苋科

1. 青葙

青葙，又称野鸡冠花，苋科青葙属的一年生草本植物。

(1)形态特征

成株高 60～100 cm，全株无毛(图 23-1)；茎直立，有分枝，绿色或红色，具明显条纹。叶互生，叶片披针形或椭圆状披针形，长 5～8 cm，宽 1～8 cm，先端急尖或渐尖，基部渐狭成柄，全缘。穗状花序顶生；花多数，密生，初开时淡红色，后变白色(图 23-2)；每花有苞片 1 片和小苞片 2 片，白色，披针形，先端渐尖，延长成细芒；花被片 5 片，披针形，干膜质，透明，有光泽；雄蕊 5 枚，花丝下部生成环状，花药紫红色；子房长圆形，花柱细长，紫红色，柱头 2～3 裂。

籽实，胞果卵形或近球形，包于宿存的花被内；种子倒卵形至肾状圆形，略扁，直径约 1.1 mm，表面黑色，有光泽，周缘无带状条纹，种脐明显，位于缺刻内。

幼苗，子叶出土，椭圆形，具短柄；下胚轴发达，紫红色，上胚轴也较发达，圆柱状，绿色；初生叶 1 片，互生，近菱形，先端锐尖，全缘，叶基渐窄，有明显的羽状脉，具柄。

图 23-1　青葙成株

图 23-2　青葙花序

(2)发生规律

一年生草本。苗期 5—7 月，花期 7—8 月，果期 8—10 月。通常在碰触植株时，胞果开裂，散落种子于土壤中，也随收获作物散落于粮食、秸秆或打谷场垃圾中，再随有机肥回到田地。

(3)分布特点

是玉米、大豆、棉花及甘薯等秋熟旱作物田的主要杂草。在有些地区发生普遍，为害较重。也是果园、路旁及荒地的杂草。分布于河北、河南、陕西、山东、长江流域及以南各地；在朝鲜、日本、中南半岛、菲律宾和印度也有分布。

二维码 23-1

图 23-1、图 23-2 彩图

2. 反枝苋

反枝苋，又称西风谷、野苋菜、人苋菜，是苋科苋属一年生草本植物。

(1)形态特征

成株株高 20～80 cm；茎直立，粗壮，幼茎近四棱形，单一或分枝，绿色(图 23-3)，有时有淡红色条纹，稍具钝棱，密生短柔毛。叶菱状卵形或椭圆状卵形，长 4～12 cm，宽 2～5 cm，先端锐尖或微凹，具小芒尖，基部楔形，全缘或波状缘，两面及边缘具柔毛。圆锥花序较粗壮，顶生或腋生，由多数穗状花序组成(图 23-4)。苞片干膜质，透明，长 4～6 mm，钻形，白色，背面具 1 淡绿色龙骨状突起，伸出顶端成白色芒尖。花被片 5 片，长圆形或长圆状倒卵形，白色，具 1 淡绿色中脉，先端急尖或尖凹，具凸尖。雄蕊 5 枚；花柱 3 个，长刺锥状。

图 23-3　反枝苋成株

图 23-4　反枝苋花序

籽实，胞果扁卵形至扁圆形，包于宿存的花被内，果实成熟时环状横裂；种子直径约 1 mm，卵圆形，略扁，黑色或棕黑色，有光泽。

幼苗，子叶 2 片，长椭圆形，长 10～13 mm，宽约 2 mm，先端钝，基部楔形，具柄，子叶腹面呈灰绿色，背面紫红色，初生叶互生，全缘，卵形，先端微凹，叶背面呈紫红色；后生叶有毛，柄长。下胚轴发达，紫红色；上胚轴不发达。

二维码 23-2

图 23-3、图 23-4 彩图

(2)发生规律

华北地区早春萌发，4 月初出苗，4 月中至 5 月上为出苗高峰期；花期 7—8 月，果期 8—9 月；种子边成熟边脱落，适宜发芽温度为 15～30 ℃，通常发芽深度在 2 cm 以内；种子可借风传播。

(3)分布特点

喜湿润环境,耐旱,适应性强,为棉花和玉米地等旱作物地及菜园、果园、荒地和路旁常见杂草,局部地区为害重。原产美洲热带;我国分布于华北、东北、西北、华东、华中及贵州和云南等地。

3. 凹头苋

凹头苋,别称野苋,苋科苋属一年生草本植物。

(1)形态特征

株高 10～30 cm,全体无毛;茎伏卧而上升,从基部分枝,淡绿色或紫红色。叶片卵形或菱状卵形,长 1.5～4.5 cm,宽 1～3 cm,顶端凹缺,有 1 芒尖,或微小不显,基部宽楔形,全缘或稍呈波状;叶柄长 1～3.5 cm(图 23-5 至图 23-7)。腋生花簇,直至下部叶的腋部,生在茎端和枝端者成直立穗状花序或圆锥花序(图 23-8);苞片及小苞片矩圆形,长不及 1 mm;花被片矩圆形或披针形,长 1.2～1.5 mm,淡绿色,顶端急尖,边缘内曲,背部有 1 隆起中脉;雄蕊比花被片稍短;柱头 3 或 2,果熟时脱落。胞果扁卵形,长 3 mm,不裂,微皱缩而近平滑,超出宿存花被片。种子环形,直径约 12 mm,黑色至黑褐色,边缘具环状边。

图 23-5 凹头苋幼苗(1)

图 23-6 凹头苋幼苗(2)

图 23-7 凹头苋幼苗(3)

图 23-8 凹头苋花序

二维码 23-3
图 23-5 至图 23-8 彩图

(2)发生规律

种子随风、雨水或灌溉水及收获物进行传播。牲畜食用带有种子的苋菜，经消化道排出仍有发芽能力。花期 7—8 月，果期 8—9 月。

(3)分布特点

原产于热带地区，广泛分布于全球泛热带和温带地区，我国除内蒙古、宁夏、青海和西藏等地均有分布。多生于农田、地埂、路边、荒地和湿润的地方。

图 23-9　刺苋

4. 刺苋

刺苋，是苋科苋属一年生草本植物。

(1)形态特征

株高 30～100 cm；茎直立，圆柱形或钝棱形，多分枝，有纵条纹，绿色或带紫色，无毛或稍有柔毛(图 23-9)。叶片菱状卵形或卵状披针形，长 3～12 cm，宽 1～5.5 cm，顶端圆钝，具微凸头，基部楔形，全缘，无毛或幼时沿叶脉稍有柔毛；叶柄长 1～8 cm，无毛，在其旁有 2 刺，刺长 5～10 mm。圆锥花序腋生及顶生，长 3～25 cm，下部顶生花穗常全部为雄花；苞片在腋生花簇及顶生花穗的基部者变成尖锐直刺，长 5～15 mm，在顶生花穗的上部者狭披针形，长 1.5 mm，顶端急尖，具凸尖，中脉绿色；小苞片狭披针形，长约 1.5 mm；花被片绿色，顶端急尖，具凸尖，边缘透明，中脉绿色或带紫色，在雄花者矩圆形，长 2～2.5 mm，在雌花者矩圆状匙形，长 1.5 mm；雄蕊花丝略和花被片等长或较短。胞果矩圆形，长 1～1.2 mm，在中部以下不规则横裂，包裹在宿存花被片内。种子近球形，直径约 1 mm，黑色或带棕黑色。

二维码 23-4
图 23-9 彩图

(2)发生规律

花果期 7—11 月。一般以花粉传播方式进行繁殖。

(3)分布特点

刺苋原产于美洲，我国主要分布于黄河以南地区。喜生长在干燥荒地，草丛、河边荒地、荒地、开阔地、山坡等地也有分布。

5. 皱果苋

皱果苋，别称绿苋，是苋科苋属一年生草本植物。

(1)形态特征

株高 40～80 cm，全体无毛；茎直立，有不明显棱角，稍有分枝，绿色或带紫色(图 23-10)。叶片卵形、卵状矩圆形或卵状椭圆形，长 3～9 cm，宽 2.5～6 cm，顶端尖凹或凹缺，少数圆钝，有 1 芒尖，基部宽楔形或近截形，全缘或微呈波状缘；叶柄长 3～6 cm，绿色或带紫红色。圆锥花序顶生，长 6～12 cm，宽 1.5～3 cm，有分枝，由穗状花序形成，圆柱形，细长，直立，顶生花穗比侧生长；总花梗长 2～2.5 cm；苞片及小苞片披针形，长不及 1 mm，顶端具凸尖；花被片矩圆形或宽倒披针形，长 1.2～1.5 mm，内曲，顶端急尖，背部有 1 绿色隆起中脉；雄蕊比花被片短；柱头 3 或 2。胞果扁球形，直径约 2 mm，绿色，不裂，极皱缩，超出花被片。种子近球形，直径约 1 mm，黑色或黑褐色，具薄且锐的环状边缘。

图 23-10　皱果苋

(2)发生规律

适应性强、耐寒、耐热性强，种子繁殖。花期 6—8 月，果期 8—10 月。

(3)分布特点

皱果苋原产热带美洲，中国陕西、东北、华北、华东、华南等地均有分布。常生于海拔 600～1 600 m 的宅旁、旷野、荒地、河岸、河滩、湖滨山坡、路旁或田园。

二维码 23-5
图 23-10 彩图

二十四、马齿苋科

马齿苋

马齿苋，又称马齿菜、马蛇子菜、马菜，是马齿苋科马齿苋属一年生草本植物。

(1)形态特征

成株，全株光滑无毛(图 24-1)。茎伏卧，常带暗红色，肉质。单叶互生或近对生，肉质，上表面深绿色，下表面淡绿色或淡红色，叶楔状长圆形或倒卵形，长 10～25 mm，宽 5～15 mm，先端钝圆、截形或微凹，有短柄，有时具膜质的托叶。花小，直径 3～5 mm，无梗，3～5 朵生于枝顶端(图 24-2)；花萼 2 片；花瓣 4～5 片，黄色，先端凹，倒卵形；雄蕊 10～12 枚；花柱顶端 4～5 裂，成线形；子房半下位，1 室，特立中央胎座。

籽实，蒴果，卵形至长圆形，盖裂。种子多数，细小，直径不及 1 mm，肾状卵形，压扁，黑色，表面具细小疣状突起，排列成近同心圆状，背面中央有 1 列或 2 列突起，较其他部位细密。种脐大而显，淡褐色至褐色。胚环状，环绕胚乳。

幼苗，子叶出土，卵形至椭圆形，先端钝圆，基部宽楔形，肥厚，带红色，具短柄。初生叶 2 片，对生，倒卵形，缘具波状红色狭边，基部楔形，具短柄。全株光滑无毛，稍带肉质。

图 24-1　马齿苋成株

图 24-2　马齿苋花

二维码 24-1
图 24-1、图 24-2 彩图

(2)发生规律

春、夏都有幼苗发生，盛夏开花，夏末秋初果熟；果实边熟边开裂，种子散落于土壤中。每株产生种子量极大，平均每株可产种子 14 400 粒。

(3)分布特点

生于田间、地边、路旁，在土壤肥沃的蔬菜地和大豆、棉花地为害严重，为秋熟旱作物田的主要杂草；华北地区为害程度较高。分布遍及全国；也广布世界温带和热带，为世界性杂草。

二十五、茄科

1. 小酸浆

小酸浆，茄科洋酸浆属，一年生草本植物。

(1)形态特征

根细瘦；主轴短缩，顶端多二歧分枝，分枝披散卧于地上或斜升，生短柔毛。叶柄细弱，长 1～1.5 cm；叶片卵形或卵状披针形，长 2～3 cm，宽 1～1.5 cm，顶端渐尖，基部歪斜楔形，全缘波状或有少数粗齿，两面脉上有柔毛。花具细弱的花梗，花梗长约 5 mm，生短柔毛；花萼钟状，长 2.5～3 mm，外面生短柔毛，裂片三角形，顶端短渐尖，缘毛密；花冠黄色，长约 5 mm；花药黄白色，长约 1 mm。果梗细瘦，长不及 1 cm，俯垂；果萼近球状或卵球状，直径 1～1.5 cm；果实球状，直径约 6 mm(图 25-1)。

(2)发生规律

喜阳，在土坝和低山地区都可生长，喜肥沃、疏松、排水良好的土壤。种子繁殖，花果期 7—9 月。

(3)分布特点

广泛分布于东半球热带及亚热带地区。在中国分布于云南(滇东南及滇中地区)、广东、广西及四川等地，常生于海拔 1 000～1 300 m 的荒山、草地及水库边。

图 25-1　小酸浆果实

二维码 25-1　图 25-1 彩图

2. 龙葵

龙葵，别称黑星星、野海椒、石海椒、野伞子、悠悠、黑天天、黑豆豆、天星星，茄科茄属一年生直立草本植物。

(1)形态特征

高 0.25～1 m，茎无棱或棱不明显，绿色或紫色，近无毛或被微柔毛。叶卵形，长 2.5～10 cm，宽 1.5～5.5 cm，先端短尖，基部楔形至阔楔形而下延至叶柄，全缘或每边具不规则的波状粗齿，光滑或两面被稀疏短柔毛，叶脉每边 5～6 条，叶柄长 1～2 cm(图 25-2)。

蝎尾状花序腋外生，由 3～10 朵花组成，总花梗长 1～2.5 cm，花梗长约 5 mm，近无毛或具短柔毛(图 25-3)；萼小，浅杯状，直径 1.5～2 mm，齿卵圆形，先端圆，基部两齿间连接处成角度；花冠白色，筒部隐于萼内，长不及 1 mm，冠檐长约 2.5 mm，5 深裂，裂片卵圆形，长约 2 mm；花丝短，花药黄色，长约 1.2 mm，约为花丝长度的 4 倍，顶孔向内；子房卵形，直径约 0.5 mm，花柱长约 1.5 mm，中部以下被白色绒毛，柱头小，头状。浆果球形，直径约 8 mm，熟时黑色。种子多数，近卵形，直径 1.5～2 mm，两侧压扁。

图 25-2　龙葵

图 25-3　龙葵花期

二维码 25-2
图 25-2、图 25-3 彩图

(2)发生规律

生长适宜温度为 22～30 ℃，开花结实期适宜温度为 15～20 ℃，此温度下结实率高。夏秋季高温高湿露地生长困难，冬春季露地种植，植株长势慢，嫩梢易纤维老化。龙葵可利用种子进行繁殖，也可利用插根法进行繁殖。

(3)分布特点

龙葵原产于我国，几乎全国均有分布，广泛分布于欧洲、亚洲、美洲的温带至热带地区；我国历史上南朝齐、梁时期就已有记载。常见于河沟岸边、湖边草地、稀疏林间或密林阴湿处；喜温暖湿润的气候；对土壤要求不严，在有机质丰富、保水保肥力强的土壤中生长良好，在缺乏有机质、通气不良的黏质土上，根系发育不良，植株长势弱，适宜的土壤 pH 为 5.5～6.5。

3. 曼陀罗

曼陀罗，别称狗核桃，茄科曼陀罗属一年生热带草本植物。

(1)形态特征

曼陀罗草本或半灌木状，高 0.5～1.5 m，全体近平滑或在幼嫩部分被短柔毛(图 25-4)。茎粗壮，圆柱状，淡绿色或带紫色，下部木质化。曼陀罗叶为广卵形，顶端渐尖，基部不对称楔形，边缘有不规则波状浅裂，裂片顶端急尖，有时也有波状牙齿，侧脉每边 3～5 条，直达裂片顶端，长 8～17 cm，宽 4～12 cm，叶柄长 3～5 cm。曼陀罗花单生于枝杈间或叶腋，直立，有短梗；花萼筒状，长 4～5 cm，筒部有 5 棱角，两棱间稍向内陷，基部膨大，顶端紧围花冠筒，5 浅裂，裂片三角形，花后近基部断裂，宿存部分随果实增大向外反折；花冠漏斗状，下半部带绿色，上部白色或淡紫色，檐部 5 浅裂，裂片有短尖头，长 6～10 cm，檐部直径 3～5 cm；雄蕊不伸出花冠，花丝长约 3 cm，花药长约 4 mm；子房密生柔针毛，花柱长约 6 cm。蒴果直立生，卵状，长 3～4.5 cm，直径 2～4 cm，表面生有坚硬针刺或有时无刺而近平滑，成熟后淡黄色，规则 4 瓣裂。曼陀罗种子为卵圆形，稍扁，长约 4 mm，黑色。

图 25-4 曼陀罗

二维码 25-3 图 25-4 彩图

(2)发生规律

曼陀罗适应性较强,喜温暖、湿润、向阳环境,怕涝,对土壤要求不严格,一般土壤均可生长,但以富含腐殖质和石灰质土壤为好。花期 6—10 月,果期 7—11 月。

(3)分布特点

曼陀罗花原产于墨西哥。广泛分布于世界各地;我国各地也有分布。常生长于住宅旁、路边或草地上。

二十六、伞形科

1. 毒芹

毒芹,伞形科毒芹属多年生草本植物。

(1)形态特征

高 70～100 cm。主根短缩,支根多数,肉质或纤维状,根状茎有节,内有横膈膜,褐色。茎单生,直立,圆筒形,中空,有条纹,基部有时略带淡紫色,上部有分枝,枝条上升开展。基生叶柄长 15～30 cm,叶鞘膜质,抱茎;叶片轮廓呈三角形或三角状披针形,长 12～20 cm,2～3 回羽状分裂;最下部的一对羽片有 1～3.5 cm 长的柄,羽片 3 裂至羽裂,裂片线状披针形或窄披针形,长 1.5～6 cm,宽 3～10 mm,表面绿色,背面淡绿色,边缘疏生钝或锐锯齿,两面无毛或脉上有糙毛,较上部的茎生叶有短柄,叶片的分裂形状同基生叶;最上部的茎生叶 1～2 回羽状分裂,末回裂片狭披针形,长 1～2 cm,宽 2～5 mm,边缘疏生锯齿(图 26-1)。

图 26-1　毒芹

二维码 26-1　图 26-1 彩图

复伞形花序,顶生或腋生,花序梗长 2.5～10 cm,无毛;总苞片通常无或有一线形的苞片;伞辐 6～25,近等长,长 2～3.5 cm;小总苞片多数,线状披针形,长 3～5 mm,宽 0.5～0.7 mm,顶端长尖,中脉 1 条。小伞形花序有花 15～35 朵,花柄长 4～7 mm;萼齿明显,卵状三角形;花瓣白色,倒卵形或近圆形,长 1.5～2 mm,宽 1～1.5 mm,顶端有内折的小舌片,中脉 1 条;花丝长约 2.5 mm,花药近卵圆形,长约 0.7 mm,宽约 0.5 mm;花柱基幼时扁压,光滑;花柱短,长约 1 mm,向外反折。分生果近卵圆形,长、宽 2～3 mm,合生面收缩,主棱阔,木栓质,每棱槽内有油管 1 个,合生面有油管 2 个;胚乳腹面微凹。

(2)发生规律

毒芹以种子繁殖,毒芹的种子极易发芽,是一种“先锋植物”,在贫瘠土地上生长得快,其他植物也会在它的带领下移植到这片土地。由于它极易发芽,因此毒芹通常是春天里较早出现的植物。花果期7—8月。

(3)分布特征

毒芹分布于我国东北、华北、西北等地。日本、朝鲜、俄罗斯、欧洲也有分布。生于海拔400～2 900 m的杂木林下、沟边、沼泽地、湿地。

2. 水芹

水芹,别称水芹菜、野芹菜、小叶芹,是伞形科水芹属多年生草本植物。水芹为水八仙中的一种,因在干净的水源附近能够繁茂生长,所以得名“水芹”。

(1)形态特征

高15～80 cm,茎干粗壮且直立或基部匍匐,由下往上逐渐变细,青白色(图26-2)。基生叶有柄,柄长达10 cm,基部有叶鞘;叶子较大,叶片轮廓呈三角形,1～3回羽状分裂,末回裂片呈卵形至菱状披针形,长2～5 cm,宽1～2 cm,边缘有牙齿或圆齿状锯齿;茎上部叶无柄,裂片和基生叶的裂片相似,较小。

图26-2　水芹

二维码26-2　图26-2彩图

花头小且表面光滑,无总苞,呈白色,复伞形花序顶生,花序梗长2～16 cm;无总苞;伞辐6～16,不等长,长1～3 cm,直立和展开;小总苞片2～8个,线形,长2～4 mm;小伞形花序有花20余朵,花柄长2～4 mm;萼齿线状披针形,长与花柱基相等;花瓣白色,倒卵形,长1 mm,宽0.7 mm,有一长而内折的小舌片;花柱基圆锥形,花柱直立或两侧分开,长2 mm。

果实近四角状椭圆形或筒状长圆形,质地较硬,灰褐色,长2.5～3 mm,宽2 mm,侧棱较背棱和中棱隆起,木栓质,分生果横剖面近于五边状的半圆形;每棱槽内油管1,合生面油管2。

(2)发生规律

水芹喜湿润、肥沃土壤,耐涝及耐寒性强。适宜生长温度15～20 ℃,能耐0 ℃以下的低温。一般生于低湿地、浅水沼泽、河流岸边,或生于水田中。喜凉爽,忌炎热干旱,以土质松软、土层深厚、富含有机质保肥保水力强的黏质土壤为宜。水芹一般采用种子繁殖,花期6—7月,果期8—9月。

(3)分布特点

水芹原产于亚洲东部,现分布于我国长江流域、日本北海道及菲律宾等地,多分布在沼泽地带。

二十七、车前科

1. 平车前

平车前,别称小车前、车前草,是车前科车前属的一年生或二年生草本植物。

(1)形态特征

直根长,具多数侧根,少肉质。根茎短。叶基生呈莲座状,平卧、斜展或直立(图 27-1);叶片纸质,椭圆形、椭圆状披针形或卵状披针形,长 3～12 cm,宽 1～3.5 cm,先端急尖或微钝,边缘具浅波状钝齿、不规则锯齿或牙齿,基部宽楔形至狭楔形,下延至叶柄,脉 5～7 条,上面略凹陷,于背面明显隆起,两面疏生白色短柔毛;叶柄长 2～6 cm,基部扩大成鞘状。

花序 3～10 个;花序梗长 5～18 cm,有纵条纹,疏生白色短柔毛(图 27-2);穗状花序细圆柱状,上部密集,基部常间断,长 6～12 cm;苞片三角状卵形,长 2～3.5 mm,内凹,无毛,龙骨突宽厚,宽于两侧片,不延至或延至顶端。花萼长 2～2.5 mm,无毛,龙骨突宽厚,不延至顶端,前对萼片狭倒卵状椭圆形至宽椭圆形,后对萼片倒卵状椭圆形至宽椭圆形。花冠白色,无毛,冠筒等长或略长于萼片,裂片极小,椭圆形或卵形,长 0.5～1 mm,于花后反折。雄蕊着生于冠筒内面近顶端,同花柱明显外伸,花药卵状椭圆形或宽椭圆形,长 0.6～1.1 mm,先端具宽三角状小突起,新鲜时白色或绿白色,干后变淡褐色。胚珠 5。蒴果卵状椭圆形至圆锥状卵形,长 4～5 mm,于基部上方周裂。种子 4～5 粒,椭圆形,腹面平坦,长 1.2～1.8 mm,黄褐色至黑色;子叶背腹向排列。

图 27-1 平车前

图 27-2 平车前穗状花序

(2)发生规律

20～24 ℃时茎叶能正常生长,气温超过 32 ℃,会出现生长缓慢,逐渐枯萎直至整株死亡。繁殖方式一般为种子繁殖。花期 5—7 月,果期 7—9 月。

(3)分布特点

平车前耐寒、耐旱、适应性强,对土壤要求不严,在温暖、潮湿、向阳、砂质沃土上能生长良好,大都生于海拔 5～4 500 m 的草地、河滩、沟边、草甸、田间及路旁。在我国从南到北的山间、田野、路旁、河边随处可见。在朝鲜、俄罗斯、印度等国也有分布。

二维码 27-1
图 27-1、图 27-2 彩图

2. 大车前

大车前,车前科车前属二年生或多年生草本植物。

(1)形态特征

须根多数;根茎粗短。叶基生呈莲座状,平卧、斜展或直立(图 27-3);叶片草质、薄纸质或纸质,宽卵形至宽椭圆形,长 3～30 cm,宽 2～21 cm,先端钝尖或急尖,边缘波状、疏生不规则牙齿或近全缘,两面疏生短柔毛或近无毛,少数被较密的柔毛,脉 3～7 条;叶柄长 1～26 cm,基部鞘状,常被毛。

花序 1 至数个;花序梗直立或弓曲上升,长 2～45 cm,有纵条纹,被短柔毛或柔毛;穗状花序细圆柱状,1～40 cm,基部常间断;苞片宽卵状三角形,长 1.2～2 mm,宽与长约相等或略超过,无毛或先端疏生短毛,龙骨突宽厚。花无梗;花萼长 1.5～2.5 mm,萼片先端圆形,无毛或疏生短缘毛,边缘膜质,龙骨突不达顶端,前对萼片椭圆形至宽椭圆形,后对萼片宽椭圆形至近圆形。花冠白色,无毛,冠筒等长或略长于萼片,裂片披针形至狭卵形,长 1～1.5 mm,于花后反折。雄蕊着生于冠筒内面近基部,与花柱明显外伸,花药椭圆形,长 1～1.2 mm,通常初为淡紫色或稀白色,干后变淡褐色。胚珠 12～40 个。

蒴果近球形、卵球形或宽椭圆球形,长 2～3 mm,于中部或稍低处周裂。种子 8～34 个,卵形、椭圆形或菱形,长 0.8～1.2 mm,具角,腹面隆起或近平坦,黄褐色;子叶背腹向排列。

图 27-3 大车前

二维码 27-2 图 27-3 彩图

(2)发生规律

二年生或多年生草本。花期 6—8 月,果期 7—9 月。

(3)分布特点

大车前产于黑龙江、吉林、辽宁、内蒙古、河北、山西、陕西、甘肃、青海、新疆、山东、江苏、福建、广西、海南、四川、云南、西藏等地。生于海拔 2 800 m 以内草地、草甸、河滩、沟边、沼泽地、山坡路旁、田边或荒地。也分布于欧亚大陆温带及寒温带，在世界各地归化。

二十八、锦葵科

1. 苘麻

苘麻，锦葵科苘麻属一年生草本亚灌木植物。

(1)形态特征

株高 1～2 m，茎被柔毛，叶互生，圆心形，边缘具细圆锯齿，两面均密被星状柔毛(图 28-1)；叶柄长 3～12 cm，被星状细柔毛；托叶早落。花单生于叶腋，花梗长 1～13 cm，被柔毛；花萼杯状，裂片卵形；花黄色，花瓣倒卵形(图 28-2、图 28-3)，长约 1 cm，雄蕊平滑无毛，心皮 15～20，长 1～1.5 cm，顶端平截。蒴果半球形(图 28-4)，种子肾形，褐色，被星状柔毛。

图 28-1　苘麻幼苗

图 28-2　苘麻花

图 28-3　苘麻花期

图 28-4　苘麻果序

二维码 28-1
图 28-1 至图 28-4 彩图

(2)发生规律

种子繁殖,分株繁殖和扦插繁殖也可以。花果期 7—8 月。

(3)分布特点

分布于越南、印度、日本及欧洲、北美洲等地,我国各地均有分布。常见于路旁、荒地和田野间。

2. 野西瓜苗

野西瓜苗,别称香铃草、灯笼泡、打瓜花,是锦葵科木槿属一年生草本植物。

(1)形态特征

一年生直立或平卧草本,高 25～70 cm,茎柔软,被白色星状粗毛。叶二型,下部的叶圆形,不分裂,上部的叶掌状 3～5 深裂,直径 3～6 cm,中裂片较长,两侧裂片较短,裂片倒卵形至长圆形,通常羽状全裂,上面疏被粗硬毛或无毛,下面疏被星状粗刺毛(图 28-5);叶柄长 2～4 cm,被星状粗硬毛和星状柔毛;托叶线形,长约 7 mm,被星状粗硬毛。花单生于叶腋,花梗长约 2.5 cm,果时延长达 4 cm,被星状粗硬毛;小苞片 12,线形,长约 8 mm,被粗长硬毛,基部合生;花萼钟形,淡绿色,长 1.5～2 cm,被粗长硬毛或星状粗长硬毛,裂片 5,膜质,三角形,具纵向紫色条纹,中部以上合生;花淡黄色,内面基部紫色,直径 2～3 cm,花瓣 5,倒卵形,长约 2 cm,外面疏被极细柔毛;雄蕊柱长约 5 mm,花丝纤细,长约 3 mm,花药黄色;花柱枝 5,无毛。蒴果长圆状球形,直径约 1 cm,被粗硬毛,果片 5,果皮薄,黑色;种子肾形,黑色,具腺状突起。野西瓜苗为一年生晚春型植物。根系入土一般为 20～50 cm。通常于 5 月初萌发出苗,7—8 月开花,8—9 月结实,8 月中旬以后种子逐渐成熟,10 月地上部分干枯,种子自然散落。在草原区当年生种子一般很少萌发形成实生苗,经过越冬休眠以后到翌年春季萌发生长。

图 28-5 野西瓜苗

二维码 28-2 图 28-5 彩图

(2)发生规律

野西瓜苗为中旱生草本。在温暖湿润的砂质壤土和壤土生长旺盛,具有较强的抗旱耐寒性,适应性强;4 月底至 5 月初出苗,6—7 月生长旺盛,8 月开花结籽,9 月种子成熟。种子繁殖。轻度退化的草地、撂荒地等处可成为伴生种，有时也常与狗尾草、虎尾草等混生在紫花苜蓿、红豆草等人工草地中。

(3)分布特点

野西瓜苗分布于我国各地及日本、朝鲜、俄罗斯、北美洲等地；在路旁、田埂、荒坡、旷野等地常见。

二十九、酢浆草科

酢浆草

酢浆草，别称酸咪咪、酸梅草、酸味草，是酢浆草科酢浆草属多年生草本植物。

(1)形态特征

高 10～35 cm，全株被柔毛(图 29-1)。根茎稍肥厚。茎细弱，多分枝，直立或匍匐，匍匐茎节上生根。叶基生或茎上互生；托叶小，长圆形或卵形，边缘被密长柔毛，基部与叶柄合生，或同一植株下部托叶明显而上部托叶不明显；叶柄长 1～13 cm，基部具关节；小叶 3 片，无柄，倒心形，长 4～16 mm，宽 4～22 mm，先端凹入，基部宽楔形，两面被柔毛或表面无毛，沿脉被毛较密，边缘具贴伏缘毛。花单生或数朵集中，伞形花序状，腋生(图 29-2)，总花梗淡红色，与叶近等长，花梗长 4～15 mm，果后延伸；小苞片 2 片，披针形，长 2.5～4 mm，膜质；萼片 5 片，披针形或长圆状披针形，长 3～5 mm，背面和边缘被柔毛，宿存；花瓣 5 枚，黄色，长圆状倒卵形，长 6～8 mm，宽 4～5 mm；雄蕊 10 枚，花丝白色半透明，有时被疏短柔毛，基部合生，长、短互间，长者花药较大且早熟；子房长圆形，5 室，被短伏毛，花柱 5 枚，柱头头状。蒴果近圆柱形，长 1～2.5 cm，被柔毛，5 棱。种子扁卵形，长 1～1.5 mm，褐色或红棕色，具横向肋状网纹。

图 29-1 酢浆草

图 29-2 酢浆草的花

(2)发生规律

酢浆草繁殖方式有宿根繁殖和种子繁殖；花、果期 2—9 月。

二维码 29-1
图 29-1、图 29-2 彩图

(3)分布特点

酢浆草目前在我国各地均有分布,亚洲温带和亚热带地区,欧洲、北美洲等地也有分布。酢浆草喜向阳、温暖、湿润的环境;生于草丛、路边、河谷及林下阴湿处等;夏季炎热地区宜遮半阴,抗旱能力较强,不耐寒;对土壤适应性较强,一般园土均可生长,但以腐殖质丰富的砂质壤土生长旺盛,夏季有短期的休眠。在阳光极其灿烂时开放。

三十、蒺藜科

蒺藜

蒺藜,别称葵骨子、葵蔡狗子、拦路虎,蒺藜科蒺藜属一年生草本植物。

(1)形态特征

茎的基部分枝,平卧地上,全株密生丝状柔毛;叶对生,偶数羽状复叶,下面长满白色伏毛;花单生叶腋,两性(图 30-1);果实为分裂果,由 4～5 个不开裂、带刺的心皮组成。偶数羽状复叶;小叶对生;枝长 20～60 cm,偶数羽状复叶,长 1.5～5 cm;小叶对生,3～8 对,矩圆形或斜短圆形,长 5～10 mm,宽 2～5 mm,先端锐尖或钝,基部稍偏斜,被柔毛,全缘;花腋生,花梗短于叶,花黄色;萼片 5 枚,宿存;花瓣 5 个;雄蕊 10 枚,生于花盘基部,基部有鳞片状腺体,子房 5 棱,柱头 5 裂,每室 3～4 胚珠;果有分果瓣 5 个,硬,长 4～6 mm,无毛或被毛,中部边缘有锐刺 2 枚,下部常有小锐刺 2 枚,其余部位常有小瘤体。

图 30-1　蒺藜

二维码 30-1　图 30-1 彩图

(2)发生规律

花期 5—8 月,果期 6—9 月,种子繁殖。

(3)分布特点

生长于田野、山坡、路旁及河边草丛。温带地区都有分布,主要分布于河南、河北、山东、安徽、江苏、四川、山西、陕西等地。蒺藜喜欢温暖湿润气候,耐干旱,怕涝,喜光,生长中以疏松肥沃、排水良好的砂质土壤为宜。

三十一、堇菜科

紫花地丁

紫花地丁，别称花瓣堇菜、地丁草，堇菜科堇菜属多年生宿根植物。

(1)形态特征

无地上茎，高 4～14 cm，果期高可达 20 cm 以上。根状茎短，垂直，淡褐色，长 4～13 mm，粗 2～7 mm，节密生，有数条淡褐色或近白色的细根。叶多数，基生，莲座状；叶片下部通常较小，呈三角状卵形或狭卵形，上部较长，呈长圆形、狭卵状披针形或长圆状卵形，长 1.5～4 cm，宽 0.5～1 cm，先端圆钝，基部截形、楔形或稀微心形，边缘具较平的圆齿，两面无毛或被细短毛，有时仅下面沿叶脉被短毛，果期叶片增大，长可达 10 cm 以上，宽可达 4 cm；叶柄在花期通常长于叶片 1～2 倍，上部具极狭的翅，果期长可达 10 cm 以上，上部具较宽的翅，无毛或被细短毛；托叶膜质，苍白色或淡绿色，长 1.5～2.5 cm，2/3～4/5 与叶柄合生，离生部分线状披针形，边缘疏生具腺体的流苏状细齿或近全缘。

花中等大，紫堇色或淡紫色，呈白色，喉部色较淡并带有紫色条纹(图 31-1)；花梗通常多数细弱，与叶片等长或高于叶片，无毛或有短毛，中部附近有 2 枚线形小苞片；萼片卵状披针形或披针形，长 5～7 mm，先端渐尖，基部附属物短，长 1～1.5 mm，末端圆或截形，边缘具膜质白边，无毛或有短毛；花瓣倒卵形或长圆状倒卵形，侧方花瓣长 1～1.2 cm，里面无毛或有须毛，下方花瓣连距长 1.3～2 cm，里面有紫色脉纹；距细管状，长 4～8 mm，末端圆；花药长约 2 mm，药隔顶部的附属物长约 1.5 mm，下方 2 枚雄蕊背部的距细管状，长 4～6 mm，末端稍细；子房卵形，无毛，花柱棍棒状，比子房稍长，基部稍膝曲，柱头三角形，两侧及后方稍增厚成微隆起的缘边，顶部略平，前方具短喙。蒴果长圆形，长 5～12 mm，无毛；种子卵球形，长 1.8 mm，淡黄色(图 31-2)。

图 31-1 紫花地丁花期

图 31-2 紫花地丁种子

(2)发生规律

紫花地丁喜光和湿润的环境，耐阴也耐寒，不择土壤，适应性极强，繁殖容易，能直播，一般 3 月上旬萌动，花期 3 月中旬至 5 月中旬，盛花期 25 d 左右，单花开花持续 6 d，开花至种子成熟需 30 d，4 月至 5 月中旬有大量的闭锁花可形成大量的种子，9 月下旬又有少量的花出现。

二维码 31-1

图 31-1、图 31-2 彩图

(3)分布特点

主要分布于我国黑龙江、吉林、辽宁、内蒙古、河北、山西、陕西、甘肃、山东、江苏、安徽、浙江、江西、福建、河南、湖北、湖南、广西、四川、贵州、云南等地。生于田间、荒地、山坡草丛、林缘或灌丛中。在庭院较湿润处常形成小群落。朝鲜、日本、俄罗斯远东地区也有分布。

三十二、番杏科

粟米草

粟米草，番杏科粟米草属铺散一年生草本植物。

(1)形态特征

铺散，一年生草本植物，高 10～30 cm(图 32-1)。茎纤细，多分枝，有棱角，无毛，老茎通常淡红褐色。叶 3～5 片假轮生或对生，叶片披针形或线状披针形，长 1.5～4 cm，宽 2～7 mm，顶端急尖或长渐尖，基部渐狭，全缘，中脉明显(图 32-2)；叶柄短或近无柄。

图 32-1 粟米草(1)

图 32-2 粟米草(2)

花极小，组成疏松聚伞花序，花序梗细长，顶生或与叶对生；花梗长 1.5～6 mm；花被片 5，淡绿色，椭圆形或近圆形，长 1.5～2 mm，脉达花被片 2/3，边缘膜质；雄蕊通常 3，花丝基部稍宽；子房宽椭圆形或近圆形，3 室，花柱 3，短，线形。蒴果近球形，与宿存花被等长，3 瓣裂；种子多数，肾形，栗色，具多数颗粒状凸起。

二维码 32-1

图 32-1、图 32-2 彩图

(2)发生规律

花期 6—8 月，果期 8—10 月。种子繁殖。

(3)分布特点

分布于我国秦岭、黄河以南，东南至西南各地。亚洲热带和亚热带地区也有分布。生于空旷荒地、农田和海岸沙地。

第二部分　化学除草剂主要种类及其使用方法

化学除草是现代化农业的主要标志之一。它具有节省劳力、除草及时、经济效益高等特点。在发达国家,除草剂的施用量占农药总施用量的近一半。除草剂的发展经历了一个不断发展完善的过程。大致可分为如下 3 个阶段。

1860—1945 年为除草剂的早期阶段。从发现硫酸铜能杀死麦田一些十字花科杂草开始,人类开始意识到化学物质在除草上的意义。本阶段主要以无机物除草为主。

1945 年至 20 世纪 70 年代中期为除草剂的有机化阶段。1942 年发现 2,4-D,对植物生长有强烈的抑制作用,使除草剂进入了有机化阶段。其后,以 2,4-D 为基本结构,相继开发出同类不同品种的除草剂,其他类型的除草剂也不断地被开发出来,如均三氮苯类、酰胺类、取代脲类、二苯醚类等除草剂。在这个阶段,除草剂的研究开发广泛而深入,主要标志是选择性有机除草剂的开发,使用药量降低、药效增高、安全性增强。除草剂有效量每公顷为几百克到几千克,而芳氧苯氧丙酸类除草剂的有效量每公顷只要几十至 100 多克。

20 世纪 70 年代中期至今为除草剂的超高效发展阶段。本阶段的主要特点是除草剂用量大幅降低、选择性更高,其标志性除草剂种类是乙酰乳酸合成酶抑制剂,使用药量每公顷只有几克到几十克。

由于化学防治的诸多优点,在相当长的时间内它仍将是一项无法替代的重要除草措施,并发挥巨大作用。为了更大限度地发挥化学除草剂的作用,避免或减少施用除草剂带来的负面影响,现在和未来将会在如下几个方面加强除草剂的研究和开发:①进一步加强除草剂作用机理、除草活性与化学结构关系的研究;②除草剂品种将朝着苗后选择性的除草剂品种发展;③开发对环境和人、畜高度安全的除草剂;④除草剂的剂型朝着施用简便化、安全化的方向发展;⑤加强除草剂的安全剂或解毒剂等助剂的研究;⑥加强除草剂之间的互作研究;⑦加强除草剂施用技术(包括喷雾机械)的研究,提高靶标的着药量。

第一节　化学除草剂的剂型及其使用方法

一、除草剂的剂型

绝大多数合成的除草剂原药不能直接施用,须在其中加入一些助剂(如溶剂、填充料、乳化剂、湿润剂、分散剂、黏着剂、抗凝剂、稳定剂等)制成一定含量的适合使用的制剂形态即剂型。

除草剂常见的剂型有以下多种。

1. 可湿性粉剂

可湿性粉剂是原药同填充料(如碳酸钙、陶土、白瓷土、滑石粉、白炭黑等)和一定量的湿剂及稳定剂混合磨制成的粉状制剂,如 25%绿麦隆可湿性粉剂。可湿性粉剂易被水湿润,可均匀分散或悬浮于水中,宜用水配成悬浮液,使用时要不断搅匀药液,也可拌成毒土撒施。

2. 颗粒剂

颗粒剂是由原药加辅助剂和固体载体制成的粒状制剂,如 5%丁草胺颗粒剂。颗粒剂多用于水田撒施,遇水崩解,有效成分在水中扩散、分布全田而形成药层。该剂型使用简便、安全,也称水分散性颗粒剂。此外,水性除草剂如草甘膦可制成水溶性颗粒剂,其用水稀释后可得到较稳定的几乎透明的液体。

3. 水剂

水剂是水溶性的农药溶于水中,加上一些表面活性剂制成的液剂,如 20%2 甲 4 氯水剂、48%苯达松水剂、10%草甘膦水剂。使用时兑水喷淋。

4. 可溶性粉剂

可溶性粉剂是指在使用浓度下,有效成分能迅速分散而完全溶解于水中的一种剂型,外观呈流动性粉粒。此种剂型的有效成分为水溶性,填料可以是水溶性,也可以是非水溶性,如 10%甲磺隆可溶性粉剂。

5. 乳油

乳油是原药加乳化剂和溶剂配制成的透明液体。加水后分散于水中呈乳状液。此剂型脂溶性大,附着力强,能透过植物表面的蜡质层,最适宜作茎叶喷雾。

6. 悬浮剂

悬浮剂是难溶于水的固体农药以小于 5 μm 的颗粒分散在液体中形成的稳定悬浮糊剂与浓乳剂混合后制成的。它是将固体和亲油性农药,加入适量的湿润剂、分散剂、增稠剂、防冻剂、消泡剂和水,经湿磨而成的。使用前用水稀释。质量好的悬浮剂在长期储藏后不分层、不结块,用水稀释后易分散、悬浮性好。有的悬浮剂农药品种在储藏后会出现分层现象,使用前应充分摇匀。

7. 浓乳剂

浓乳剂是指亲油性有效成分以浓厚的微滴分散在水中呈乳液状的一种剂型,俗称水包油。该种剂型基本不用有机溶剂,因而比乳油安全,对环境影响小。如 6.9%骠马浓乳剂。有些除草剂也可制成水质液体分散在非水溶性油质液体连续相中。

8. 熏蒸剂

熏蒸剂是在室温下可以气化的制剂。大多数熏蒸剂注入土壤后，其蒸气穿透层能暂时对土壤起消毒作用，如溴甲烷。

9. 片剂

片剂是由原药加填料、黏着剂、分散剂、湿润剂等助剂加工而成的片状制剂。该剂型使用方便，是可直接投放在水田的水分散性片剂，或稀释喷雾的水溶性片剂。

10. 水分散粒剂

水分散粒剂加水后能迅速崩解，并分成悬浮液的颗粒剂型。

11. 悬浮乳剂

至今有两种不溶于水的有效成分，以固体微粒和微细液珠形成稳定地分散在以水为连续流动相的非均相液体制剂。

为了提高除草剂的药效和安全性、减少环境污染和除草剂用量。节省资源和劳力促进除草剂混用的普遍推广，除草剂如今正向着水性化、固体化、高浓度化、控制释放等方向发展。

二、除草剂的使用

有些除草剂主要被植物的根或正在萌发的芽吸收，必须在杂草出苗前施于土壤；有些除草剂主要被植物的地上部吸收，须喷施在出苗杂草上。有些除草剂在土壤中被吸附或迅速降解，失去活性；有些除草剂则在土壤中较稳定，能在很长时间内保持活性。所以，除草剂的除草效果在很大程度上取决于除草剂的作用特性和使用技术。如果使用方法不当，不但除草效果差，有时还会引起药害。因此，了解除草剂喷施技术的原理和方法是十分重要的。除草剂的施用方法多种多样。对作物而言，除草剂可以在作物种植前施用，可以在作物播后苗前施用，也可在作物出苗后施用；对杂草而言，除草剂可以在杂草出苗前进行土壤处理，也可以在杂草出苗后进行茎叶处理。有的除草剂在作物出苗后不能满幅喷施，必须用带有防护罩的喷雾器在作物行间定向喷施到杂草上。

1. 土壤处理

土壤处理是在杂草未出苗前，将除草剂喷洒于土壤表层或喷洒后通过混土操作将除草剂拌入土壤中，建立起一层除草剂封闭层，也称土壤封闭处理。除草剂土壤处理除了利用生理生化选择性外，也利用时差或位差选择性除草保苗。

土壤处理剂的药效和对作物的安全性受土壤的类型、有机质含量、土壤含水量和整地质量等因素影响。由于沙土吸附除草剂的能力比壤土差，所以，除草剂的使用量在沙土地上应比在壤土地上少。从对作物的安全性考虑，在沙土地上除草剂易被淋溶到作物根层，从而产生药害，所以在沙土地上使用除草剂要特别注意，掌握好用药量，以免发生药害。土壤有机质对除草剂的吸附能力强，从而降低除草剂的活性。当土壤有机质含量高时，为了保证药效，应加大除草剂的使用量。土壤含水量对土壤处理除草剂的活性影响极大。土壤含水量高有利于除草剂药效的发挥，反之，则不利于除草剂药效的发挥。在干旱季节施用除草剂，应加大用水量，或在施药前后灌一次水，以保证除草效果。整地质量好，土壤颗粒小，有利于喷施的除草剂形成连续完整的药膜，提高封闭作用。

(1)种植前土壤处理

杂草未出苗时喷施除草剂或拌毒土撒施于田中。施用易挥发或易光解的除草剂（如氟乐灵）还须混土。有些除草剂虽然挥发性不强，但为了使杂草根部接触到药剂，施用后也混土，以保证药效。混土深度一般为 4～6 cm。

(2)播后苗前土壤处理

播后苗前处理是在作物播种后，作物和杂草出苗前将除草剂均匀喷施于土表。适用于经杂草根和幼芽吸收的除草剂，如酰胺类、三氮苯类和取代脲类等。

(3)作物苗后土壤处理

作物苗期，杂草还未出苗时将除草剂均匀喷施于土表。如在移栽稻田，移栽后 5～7 d 撒施丁草胺颗粒剂。

2. 茎叶处理

茎叶处理是将除草剂药液均匀喷洒于已出苗的杂草茎叶上。茎叶处理除草剂的选择性主要是通过形态结构和生理生化选择来实现除草保苗的。

茎叶处理受土壤的物理、化学性质影响较小，可看草施药，具有灵活性和机动性，但持效期短，大多只能杀死已出苗的杂草。有些苗后处理除草剂（如芳氧苯氧丙酸类除草剂）的除草效果受土壤含水量影响较大，在干旱时除草效果下降。把握好茎叶处理的施药时机是达到良好除草效果的关键，施药过早，大部分杂草尚未出土，难以收到良好的效果；施药过迟，杂草对杂草剂的耐药性增强，除草效果也下降。

除草剂施用可根据实际需要采用不同的施用方式，如满幅、条带、点片、定向处理。在农田作物生长期施用灭生性除草剂时，一定要采用定向喷雾，通过控制喷头的高度或在喷头上装一个防护罩，控制药液的喷洒方向，使药液接触杂草或土表而不触及作物。

第二节　除草剂分类

除草剂品种繁多，将除草剂进行合理分类，能帮助我们掌握除草剂的特性，从而合理、有效的使用。

一、根据施用时间

1. 苗前处理剂

这类除草剂在杂草出苗前施用，对未出苗的杂草有效，对出苗杂草活性低或无效。如大多数酰胺类、取代脲类除草剂等。

2. 苗后处理剂

这类除草剂在杂草出苗后施用，对出苗的杂草有效，但不能防除未出苗的杂草，如唑禾灵、2甲4氯和草甘膦等。

3. 苗前兼苗后处理剂(或苗后兼苗前处理剂)

这类除草剂既能作为苗前处理剂，也能作为苗后处理剂，如甲磺隆和异丙隆等。

二、根据对杂草和作物的选择性

1. 选择性除草剂

这类除草剂在一定剂量范围内，能杀死杂草，而对作物无毒害，或毒害很低，如2,4-D、2甲4氯、麦草畏、燕麦畏、敌稗和吡氟禾草灵等。除草剂的选择性是相对的，只在一定的剂量条件下，对作物特定的生长期安全。施用剂量过大或在作物敏感期施用会影响作物的生长和发育，甚至完全杀死作物。

2. 非选择性除草剂或灭生性除草剂

这类除草剂对作物和杂草都有毒害作用，如草甘膦，主要用在非耕地，也用在作物田，在作物出苗前杀灭已出苗的杂草，或用带有防护罩的喷雾器在作物行间定向喷雾。

三、根据对不同类型杂草的活性

1. 禾本科杂草除草剂

主要用来防除禾本科杂草的除草剂，如芳氧苯氧丙酸类除草剂能防除很多一年生和多年生禾本科杂草，对其他杂草无效。又如二氯喹啉酸，对稻田稗草有特效，对其他杂草无效或效果不好。

2. 莎草科杂草除草剂

主要用来防除莎草科杂草的除草剂，如莎扑隆，能在水、旱地防除多种莎草，但对其他杂草效果不好。

3. 阔叶杂草除草剂

主要用来防除阔叶杂草的除草剂，如2,4-D、麦草畏、灭草松和苯磺隆。

4. 广谱除草剂

主要用来防除单、双子叶杂草的除草剂，如烟嘧磺隆(玉农乐)能有效地防除玉米地的禾本科杂草和阔叶杂草。又如灭生性的草甘膦对大多数杂草有效。

四、根据在植物体内的传导方式

1. 内吸性传导型除草剂

这类除草剂可被植物根或茎、叶、芽鞘等部位吸收，并经输导组织从吸收部位传导至其他器官，破坏植物内部结构和生理平衡，造成杂草死亡，如 2 甲 4 氯、吡氟禾草灵和草甘膦等。

2. 触杀性除草剂

这类除草剂不能在植物体内传导或移动性很差，只能杀死植物直接接触药剂的部位，不伤及未接触药剂的部位，如敌稗和百草枯等。

五、根据作用方式

根据作用方式可分为光合作用抑制剂、呼吸作用抑制剂、脂肪酸合成抑制剂、氨基酸合成抑制剂、微管束形成抑制剂、生长素干扰剂。

六、根据化学结构

按化学结构分类能较全面地反映除草剂在品种间的本质区别，避免因同类除草剂的作用机理相同或相近，防除对象也相似造成的混淆或重叠现象，如可分为苯氧羧酸类、苯甲酸、环己烯酮类、酰胺类、取代脲类、三氮苯类、二苯醚类、联吡啶类、二硝基苯胺类、氨基甲酸酯类、有机磷类、磺酰脲类、咪唑啉酮类、磺酰胺类等。

第三节　主要除草剂种类简介

一、苯氧羧酸类

1941 年合成了第一个苯氧羧酸类除草剂的品种 2,4-D，1942 年发现了该化合物具有植物激素的作用，1944 年发现 2,4-D 和 2,4,5-T 对田旋花具有除草活性，1945 年发现除草剂 2 甲 4 氯。此类除草剂显示的选择性、传导性及杀活性成为其后除草剂发展的基础，促进了化学除草的发展，迄今为止，苯氧羧酸类除草剂仍然是重要的除草剂品种。

苯氧羧酸类除草剂易被植物的根、叶吸收，通过木质部或韧皮部在植物体内上下传导，在分生组织积累，这类除草剂具有植物生长素的作用。植物吸收这类除草剂后，体内生长素的浓度高于正常值，从而打破了植物体内的激素平衡，影响植物的正常代谢，导致敏感杂草一系列生理生化变化、组织异常和损伤，其选择性主要由形态结构、吸收运转、降解方式等差异决定。

苯氧羧酸类除草剂主要作茎叶处理剂，用在禾谷类作物、针叶树、非耕地、牧草、草坪，防除一年生或多年生的阔叶杂草，如苋、藜、苍耳、田旋花等。大多数阔叶作物，特别是棉花，对这类除草剂很敏感。2,4-D 可作土壤处理剂，在大豆播后苗前施用。2,4-D 丁酸和 2 甲 4 氯丁酸本身无除草活性，须在植物体内经 β 氧化后转变为相应的乙酰基后才有除草活性。豆科植物缺乏这种氧化酶，而这两种除草剂具有耐药性。2,4-D 在低浓度下，能促进植物生长，在生产上也被用作植物生长调节剂。

苯氧羧酸类除草剂被加工成酶、酸、盐等不同剂型。不同剂型的除草活性大小为：酯＞酸＞盐；在盐类中，胺盐＞铵盐＞钠盐（钾盐）。剂型为低链酯时，具有较强的挥发性。酯和酸制剂在土壤中的移动性很小，而盐制剂在沙土中则易移动，但在黏土中移动性很小。

在使用这类除草剂时，要注意禾谷类作物的不同生长期和品种对其抗性的差异，如小麦、稻在四叶期前和拔节后对 2,4-D 敏感，在分蘖期则抗性较强。另外，防止雾滴漂移或蒸气易对周围敏感的作物产生药害。2 甲 4 氯对植物的作用比较缓和，特别是在异常气候条件下对作物的安全性高于 2,4-D，漂移药害也比 2,4-D 轻。

二、苯甲酸类

苯甲酸类除草剂。1956 年开发了用于大豆田除草的豆科威，1958 年研制出麦草畏。

苯甲酸类除草剂和苯氧羧酸类除草剂一样，能迅速被植物的根、叶吸收，通过韧皮部或木质部向下、向上传导，并在分生组织中积累，干扰内源生长素的平衡。麦草畏的选择性主要是由代谢性降解差异形成的。麦草畏主要用于麦类、玉米等禾本科作物及草坪，作茎叶处理，防治一年生和多年生阔叶杂草。

麦草畏在小麦拔节后使用易造成药害，其药害症状为植株松散、茎倾斜、弯曲、叶卷曲严重。麦草畏和苯氧羧酸类除草剂一样，施用时雾滴漂移对邻近敏感的阔叶作物易造成药害。为了提高除草效果，麦草畏可和 2,4-D 或 2 甲 4 氯混用。

三、芳氧苯氧基丙酸类

芳氧苯氧丙酸类除草剂是由赫司特公司首先开发的。1976 年陶氏化学公司发现了吡氟氯草灵，其后开发出多个品种。此类除草剂在中国广泛地用于阔叶作物防除禾本科杂草。

大多数芳氧苯氧丙酸类除草剂能被植物叶片迅速吸收，在共质体中传导到根芽的分生组织。个别品种如禾草灵除了被叶片吸收外，也被根吸收，在植物体内只能进行有限的传导。这类除草剂作用于乙酰辅酶 A 羧化酶，从而抑制脂肪酸的合成。它们的选择性主要是由降解代谢差异造成的，在耐药性的植物体内能迅速地被降解成无活性的物质。

为了增加植物对芳氧苯氧丙酸类除草剂的吸收，这类除草剂的商品制剂是酯，而不是酸。如喹禾灵的制剂是 10％乙酯，吡氟氯草灵的制剂是甲酯，植物吸收后迅速分解成有活性的酸。

芳氧苯氧丙酸类除草剂主要作为茎叶处理剂，用在阔叶作物田防除一年生和多年生的禾本科杂草。有些品种也可用在禾谷类作物上，如禾草灵、骠马和炔草酸多用在小麦田，威霸和千金多用在水稻田。芳氧苯氧丙酸类除草剂的药效受气温和土壤墒情影响较大。在气温低、土壤墒情差时施药，除草效果不好；在气温高、土壤墒情好、杂草生长旺盛时施药，除草效果好。

这类除草剂和干扰激素平衡的除草剂(如 2,4-D)有拮抗作用,若混用除草效果会下降。

四、环己烯酮类

环己烯酮类化合物的除草活性是由日本一家公司在 20 世纪 70 年代发现的,并合成了此类的第一个除草剂品种稀禾定。20 世纪 80 年代初稀禾定商品化后,又开发出多个品种。在中国登记的有两个品种:稀禾定和稀酮。

环己烯酮类化合物除草剂的作用特性和芳氧苯氧丙酸类除草剂相似,能被植物的叶片吸收,并在韧皮部传导。作用于乙酰辅酶 A 羧化酶,从而抑制脂肪酸的合成。主要用在阔叶作物地防除禾本科杂草,对作物极安全。

环己烯酮类化合物除草剂在阔叶作物和禾草之间的选择性是由于阔叶作物降解此类除草剂能力强,以及其体内的乙酰辅酶 A 羧化酶对它们不敏感等原因造成的。

五、酰胺类

酰胺类除草剂。1952 年美国孟山都公司发现氯乙酰胺类化合物具有除草活性。1956 年正式生产了烯草胺。20 世纪 60 至 70 年代,酰胺类除草剂发展迅速,大多数品种是在这一期间商品化的。

氯乙酰胺类除草剂是芽前土壤处理剂,主要由萌发的幼芽吸收(禾本科杂草的胚芽鞘、阔叶杂草的上、下胚轴),根部吸收是次要的。敌稗作为茎叶处理剂,已被植物的叶片吸收,在体内传导有限;大惠利能被植物的根、叶吸收,但大惠利只作土壤处理剂,从根部吸收的药剂能传导到茎、叶。

酰胺类除草剂可抑制脂肪酸、脂类、蛋白质类(包括赤霉素)、类黄酮的生物合成。敌稗抑制光合系统Ⅱ的电子传递和花青素、RNA、蛋白质的合成,也影响细胞膜。大惠利会抑制细胞分裂和 DNA 的合成。

酰胺类除草剂的选择性主要是由于植物的代谢(共轭和降解)差异。如敌稗在水稻和稗草之间的选择性是由于水稻中芳基酰胺酶的含量比稗草中的高。芳基酰胺酶能迅速把敌稗降解成无活性的 3,4-二氯苯胺和丙酸。杂草和作物根部所处的深度不一样和种子结构不同也是酰胺类土壤处理剂选择性的原因之一。

甲草胺、乙草胺、丙草胺、丁草胺和异丙甲草胺等氯乙酰胺类除草剂在土壤中的持效期为 1~3 个月,对下茬作物无影响。而萘丙酰草胺在土壤中半衰期较长,用量高时,对下茬敏感作物可能产生药害。敌稗在土壤中很快降解,无残留活性。

氯乙酰胺类除草剂为土壤处理剂,能有效地防除未出苗的一年生禾本科杂草和一些小粒种子阔叶杂草,对已出苗杂草无效。萘丙酰草胺也是土壤处理剂,但杀草谱比氯乙酰胺类除草剂广。敌稗为茎叶处理剂,土壤处理活性差。甲草胺、乙草胺和异丙甲草胺是旱地除草剂,其活性大小为:乙草胺>异丙甲草胺>甲草胺。丁草胺、苯噻酰草胺、扫茀特和敌稗多用在稻田,防除稗草。

酰胺类土壤处理除草剂的药效受土壤墒情影响较大。在土壤干燥时施药,且施药后若长期无雨,不利药效发挥。

由于酰胺类除草剂主要防除禾本科杂草，在生产中常和防除阔叶杂草的除草剂混用，以便扩大杀草谱。如玉米地施用的乙阿（乙草胺＋莠去津）、都阿（异丙甲草胺＋莠去津），稻田用的丁苄（丁草胺十苄磺隆）等。

六、取代脲类

20 世纪 40 年代中期，曾报道了 100 多个取代脲类化合物具有抑制植物生长的作用。20 世纪 50 年代初发现了灭草隆的除草作用后，此类除草剂的许多品种相继出现。特别是在 20 世纪 60—70 年代，开发出一系列卤代苯基脲和含氟脲类除草剂，提高了选择性，扩大了杀草谱，在农业生产中被广泛地应用。我国自 20 世纪 60 年代以来，研制了除草剂 1 号、敌草隆、绿麦隆、莎扑隆、异丙隆等品种，在推广化学除草中起了重要作用。

取代脲类除草剂水溶性差，在土壤中易被土壤胶粒吸附，而不易淋溶。此类除草剂易被植物的根吸收，茎、叶吸收少。因此，药剂须到达杂草的根层，才能杀灭杂草。取代脲类除草剂随蒸腾流从根传导到叶片，并在叶片中积累。此类除草剂不随同化物从叶片往外传导。

取代脲类除草剂抑制光合作用系统 I 的电子传递，从而抑制光合作用。作物和杂草间吸收传导和降解取代脲类除草剂能力的差异是这类除草剂选择性的原因之一，但作物和杂草根部的位差，也是这类除草剂选择性的一个重要方面。

取代脲类除草剂在土壤中残留期长，在正常用量下可达几个月，甚至一年多，对后茬敏感作物可能造成药害。在土壤中主要由微生物降解。

大多数取代脲类除草剂主要作苗前土壤处理剂，防除一年生禾本科杂草和阔叶杂草，对阔叶杂草的活性高于对禾本科杂草的活性。敌草隆和绿麦隆在土壤湿度大的条件下，苗后早期也有一定的效果。异丙隆则可作为苗前和苗后处理剂，在杂草 2～5 叶期施用仍有效。莎扑隆主要用来防除一年生和多年生莎草，对其他杂草活性极低。敌草隆可防治眼子菜。

取代脲类除草剂的除草效果与土壤墒情关系极大。在土壤干燥时施用，除草效果不好。另外，在砂质土壤田慎用，以免发生药害。

七、磺酰脲类

磺酰脲类除草剂品种的开发始于 20 世纪 70 年代末期。1978 年 Levitt 等报道，绿磺隆以极低用量进行苗前土壤处理或苗后茎处理。可有效防治麦类与亚麻田大多数杂草。紧接着开发出甲磺隆，随后又开发出甲嘧磺隆、氯嘧磺隆、苯磺隆、阔叶散、苄嘧磺隆等一系列品种。此类除草剂发展极快，已在各种作物地使用。现已成为一些作物田的当家除草剂品种，而且新的品种还在不断地商品化。

磺酰脲类除草剂易被植物的根、叶吸收，在木质部和韧皮部传导，抑制乙酰乳酸合成酶，是支链氨基酸、缬氨酸、异亮氨酸、亮氨酸生物合成的一个关键酶。磺酰脲类除草剂对杂草和作物选择性主要是由于降解代谢的差异。

磺酰脲类除草剂为弱酸性化合物，在土壤中的淋溶和降解速度受土壤 pH 影响较大。淋溶性随着土壤 pH 的增加而增加；在酸性土壤中，降解速度快，在碱性土壤中降解速度慢。磺酰脲类除草剂的活性极高，用量特别低，每公顷的施用量只需几克到几十克，被称为超高效除草剂。此类除草剂能有效地防除阔叶杂草，其中有些除草剂对禾本科杂草也有抑制作用，甚至很有效。大部分磺酰脲类除草剂（如甲磺隆、绿磺隆、甲嘧磺隆、苄嘧磺隆、氯嘧磺隆、胺苯磺隆、烟嘧磺隆）既能作苗前处理剂，也能作苗后处理剂（杂草苗后早期），部分磺酰胺类除草剂（如苯磺隆、阔叶散）只能作茎叶处理剂，作土壤处理的效果不好。

施用磺酰脲类除草剂后，敏感杂草的生长很快受到抑制，3～5 d 叶片失绿，接着生长点枯死，但杂草完全死亡则很慢，需要 1～3 周。

大部分磺酰脲类除草剂的选择性强，对当季作物安全。但是，氯嘧磺隆对大豆的安全性不太好，在施用后，气温下降（＜12 ℃）或遇高温（＞30 ℃），可能出现药害。另外，施药后多雨，在低洼的地块也易出现药害。

有些磺酰脲类除草剂（如绿磺隆、甲磺隆、氯嘧磺隆、胺苯磺隆）属于长效除草剂，在土壤中的持效期长。施用这些除草剂后，在下茬种植敏感作物将会发生药害，如在小麦地施用甲磺隆或绿磺隆，下茬种植棉花就会出现药害。为了防止这些除草剂的残留药害，可采用混用的方法，降低它们的施用量。

由于磺酰胺类除草剂的作用位点单一，杂草对它们产生抗药性的速度快。据报道，此类草剂连续施用 3～5 年，杂草可能会产生抗药性。

八、咪唑啉酮类

咪唑啉酮类除草剂是 20 世纪 80 年代初由美国氰胺公司开发的。它具有杀草谱广、选择性强、活性高等优点。此类除草剂的品种不多，但其特殊功能已引起广泛的重视，国内外正在大力开发。在中国大面积使用的有咪唑乙烟酸。

咪唑啉酮类除草剂可被植物的叶片和根系吸收，在木质部与韧皮部内传导，积累于分生组织。其作用机理和磺酰脲类除草剂一样，抑制乙酰乳酸合成酶，从而造成支链氨基酸、缬氨酸、异亮氨酸、亮氨酸的生物合成受阻。作物和杂草对此类除草剂降解代谢速度的差异是其选择性的主要原因。

咪唑乙烟酸和甲氧咪草烟可防治一年生和多年生阔叶草及禾草。茎叶处理后，杂草立即停止生长，并在 2～4 周内死亡；土壤处理后，杂草顶端分生组织坏死，生长停止，虽然一些杂草能够发芽、出苗，但生长至 2.5～5 cm 时便逐渐死亡。

咪唑乙烟酸属于长残效除草剂，只宜在东北单季大豆地区使用，施用后次年不宜种植敏感作物，如水稻、甜菜、油菜、棉花、马铃薯、高粱。该药可在大豆播前、播后，苗前或苗后早期施用，每公顷用药量为 25～100 g 有效成分。

甲氧咪草烟可在大豆和花生地使用，作为茎叶处理剂，每公顷 35～45 g 有效成分能有效地防除多种禾本科杂草和阔叶杂草，最佳使用时期在大豆出苗后两片真叶展开至第二片复叶间，禾本科杂草在 2～4 叶期，阔叶杂草在 2～7 cm 高时。该药属于长残效除草剂，施用的地块后茬不能种植敏感植物。

九、三氮苯类(三嗪类)

三氮苯类除草剂开发较早，1952 年合成了第一个三氮苯类除草剂莠去津，1957 年商品化，在 20 世纪 50 年代末和 60 年代有多个品种商品化。目前，这类除草剂仍在大量施用，如莠去津在很多国家(包括中国在内)仍是玉米田的当家除草剂品种。

三氮苯类除草剂是土壤处理剂。能被植物根吸收，并通过非共质体传导到茎。有些品种如莠去津、扑草净兼有落叶处理作用，能被叶片吸收，但不向下传导。此类除草剂属光合作用抑制剂。在所有农药品种中，它们的作用机理研究得最清楚。作用靶标是光合系统Ⅱ，抑制电子从 QA 到 QB，从而阻碍 CO_2 的固定和 ATP、$NADH_2$ 的产生。

三氮苯类除草剂的选择性主要是由于它们在耐药作物体内降解代谢快，或在谷胱甘肽硫转移酶的催化作用下，迅速与谷胱甘肽轭合成无活性的物质。利用作物和杂草根分布的位置不同，也可达到选择作用。

三氮苯类除草剂是土壤处理剂，大部分兼有茎叶处理作用，可在种植前、播后苗期、苗后早期施用。主要用来防除一年生杂草，对阔叶杂草的效果好于对禾本科杂草，对一些多年生阔叶杂草的生长也有抑制作用。

土壤有机质和水分含量对三氮苯类除草剂的药效影响很大。有机质含量高，土壤吸附这类除草剂的作用强，使之活性降低。为了保证除草效果，需增加施药量。土壤干燥时施药，药剂被土壤颗粒吸附，药剂不能分布到杂草的根层，除草效果也不理想。

莠去津在土壤中残留时间长，如施用量过大，可能对后茬小麦产生药害。另外，该药易污染地下水，在欧洲的一些国家被禁用。

在生产实际中，这类除草剂很少单用。为了扩大杀草谱，常和其他除草剂(如酰胺类除草剂)一起混用，或和其他除草剂制成混剂。如在中国玉米田大量使用的乙阿(乙草胺＋莠去津)、普阿(普乐宝＋莠去津)和都阿(异丙甲草胺＋莠去津)。

十、氨基甲酸酯类

氨基甲酸酯类除草剂是 20 世纪中期 Templeman 等发现苯胺灵的除草活性后逐步开发出来的，随后相继出现燕麦灵、甜菜宁、磺草灵、甜菜灵等产品。其中甜菜宁和甜菜灵为双氨基甲酸酯类。

氨基甲酸酯类的土壤处理剂主要通过植物的幼根与幼芽吸收，叶面处理剂则通过茎、叶吸收。在植物体内的传导性因除草剂品种不同而异。有的品种如磺草灵能在植物体内上下传导，而甜菜宁、甜菜灵的传导性则很差。氨基甲酸酯类中的双氨基甲酸酯类除草剂的作用机理和三氮苯类除草剂相似，抑制光合作用系统Ⅱ的电子传递。而此类中其他除草剂的作用机理则不完全清楚，其主要作用是抑制分生组织中的细胞分裂。

燕麦灵对野燕麦有特效，用于麦类及油菜等作物田，于杂草出苗初期(1.5～2.5 叶期)施用，防除野燕麦、看麦娘、雀麦等杂草。甜菜宁用在甜菜地茎、叶处理防除阔叶杂草，对禾本科杂草无效。

氨基甲酸酯类除草剂对光比较稳定，光解作用较差。微生物降解是此类除草剂从土壤中消失的主要原因。

十一、硫代氨基甲酸酯类

氨基甲酸酯类除草剂的氨基甲酸中的一个氧或两个氧被硫取代后，就称为硫代氨基甲酸酯类除草剂。硫代氨基甲酸酯类除草剂是1954年斯多福公司首先发现丙草丹的除草活性，随后又开发了禾大壮、丁草特等品种。20世纪60年代初孟山都公司开发了燕麦敌1号与燕麦畏。20世纪60年代中期稻田高效除稗剂——杀草丹问世，不久即广泛应用。我国于1967年研制出燕麦敌2号，促进了我国除草剂的创新工作。

我国有多个品种在稻田、麦田及其他旱地施用。其中禾大壮和杀草丹是稻田主要的除草剂品种之一，被用作秧田、直播和抛秧稻田，也用于移栽稻田。

大多数硫代氨基甲酸酯类除草剂主要是被正在萌发的幼芽吸收，根部吸收少，可在非共质体内传导。

硫代氨基甲酸酯类除草剂可抑制脂肪酸、脂类、蛋白质、类异戊二烯、类黄酮的生物合成。杂草和作物间对此类除草剂的降解代谢或轭合作用的差异是其选择性的主要原因。位差、吸收与传导的差异也是此类除草剂选择性的原因之一。

此类除草剂主要用作土壤处理剂，在播前或播后苗前施用。但禾大壮在稗草3叶期前均可施用。硫代氨基甲酸酯类除草剂的挥发性强，为了保证药效，旱地施用此类除草剂品种后需混土。

十二、二苯醚类

1930年Raiford等合成了除草醚，直到1960年罗门哈斯公司进行再合成并发现其除草活性后，开发了二苯醚类除草剂。近30年来此类除草剂有较大发展。先后研制出很多新品种，特别是一些高活性新品种，如甲羧醚（茅毒）、乙氧氟草醚（果尔）、杂草焚、虎威等。它们的除草活性超过除草醚10倍，因而单位面积用药量大大下降。同时，也扩大应用到多种旱田作物及蔬菜。

二苯醚类除草剂主要通过植物胚芽鞘、中胚轴吸收进入体内。作用靶标是原卟啉原氧化酶，抑制叶绿素的合成，破坏敏感植物的细胞膜。此类除草剂的选择性与吸收传导、代谢速度及在植物体内的耦合程度有关。

二苯醚类除草剂除草醚是较早在我国广泛应用的除草剂之一，曾是水稻田主要的除草剂品种。但由于除草醚能引起小鼠的肿瘤，鉴于其可能对人类健康造成潜在的威胁，包括中国在内许多国家已禁用该药。

此类除草剂属于触杀型除草剂，选择性表现为生理生化选择和位差选择两个方面。受害植物产生坏死褐斑，对幼龄分生组织的毒害作用较大。研究发现，凡是邻位及对位取代的品种都具有光活化作用，即只有在光下才能产生除草作用，在暗中则无活性；而间位取代的品种不论在光下或暗中，均产生除草活性。目前施用的品种都是邻位及对位取代的，均属光活化的除草剂。

乙氧氟草醚作土壤处理剂。可防除一年生阔叶草和禾草，而氟羧草醚、氟磺胺草醚、乙羧氟草醚作茎叶处理剂，只对阔叶草有效。在大豆地喷施氟羧草醚、氟磺胺草醚和克阔乐后，大豆叶片上会出现受害药斑，但药害症状会随着大豆的生长而逐渐消失，对大豆产量无明显影响。

十三、N-苯基肽亚胺类

N-苯基肽亚胺类是20世纪80年代开发出的新型除草剂，其除草活性和磺酰脲类一样高，用量极低，每公顷的用量只有十至几十克。此类除草剂在中国有氟烯草酸和丙炔氟草胺。

N-苯基肽亚胺类除草剂被植物幼芽或叶片吸收。叶片吸收时不向下传导。作用机理和二苯醚类除草剂相似，作用靶标是原卟啉原氧化酶，抑制叶绿素的合成。

氟烯草酸主要用在大豆和玉米地，苗后施用防除阔叶草。丙炔氟草胺用在大豆和花生地，播后苗前施用防除阔叶草。

十四、二硝基苯胺类

1960年筛选出具有高活性与选择性的氟乐灵，奠定了二硝基苯胺类除草剂的重要地位，随后又相继开发出一些新品种。

二硝基苯胺类除草剂主要通过正在萌发的幼芽吸收，根部的吸收是次要的。将此类除草剂结合到微管蛋白上，可抑制小管生长端的微管聚合，从而导致微管的丧失，抑制细胞的有丝分裂。

二硝基苯胺类除草剂为土壤处理剂，在作物播前、移栽前或播后苗前施用。主要防治一年生禾本科杂草及种子繁殖的多年生禾本科杂草的幼芽，对一些小粒一年生阔叶杂草（如藜、苋等）有一定效用。棉花、大豆、向日葵、十字花科作物对此类除草剂的耐药性较强。

易挥发和光解是此类除草剂的突出特性。因此，田间喷药后必须尽快进行耙地混土。其除草效果比较稳定，药剂在土壤中挥发的气体也起到重要的杀草作用，因而适宜在较干旱的土壤条件下使用。在土壤中的持效期中等或稍长，大多数品种的半衰期为2～3个月。正确使用时，对于轮作中绝大多数后茬作物无残留毒害。

此类除草剂主要防治一年生禾本科杂草，对阔叶杂草的防除效果差。在生产中为提高防除效果，扩大杀草谱，常与防治阔叶杂草特效的除草剂混用或配合使用。

十五、联吡啶类

联吡啶类除草剂是在20世纪50年代末开始开发的。此类除草剂有两个重要的品种即百草枯和敌草快。

联吡啶类除草剂是触杀型的灭生性茎叶处理剂，能迅速被叶片吸收，并在非共质体向上传导，但不在韧皮部向下传导，故不能杀死杂草地下部。此类除草剂抑制光合作用系统Ⅰ，需在光下才发挥除草活性。

联吡啶类除草剂能被土壤胶体迅速、强烈地吸附，故土壤处理无活性。此类除草剂多用在非耕地、果园，在农田使用时，常用在作物播种前或播后苗前杀灭已长出的大草，或在作物苗长大后，采用行间定向喷雾。

十六、有机磷类

1958年美国有利来路化学公司开发出第一个有机磷类除草剂——伐草磷，随后相继研制出一些用于旱田作物、蔬菜、水稻及非耕地的品种，如草甘膦、草丁膦、调节膦等。有机磷类除草剂特性和作用方式随品种不同而异。

草甘膦能被植物的叶片吸收，并在体内传导，是作用于芳香族氨基酸合成过程中的一种重要的酶(5-烯醇丙酮酰-莽草酸-3-磷酸合成酶)，从而抑制芳香族氨基酸的合成。

草甘膦是一种非选择性茎叶处理除草剂，土壤处理无活性，对一年生和多年生杂草均有效。主要用在非耕地、果园。在我国，草甘膦是生产量较大的几个除草剂品种之一。

莎稗膦是选择性内吸传导型土壤处理除草剂，主要被幼芽和地下茎吸收。抑制植物细胞分裂与伸长，对处于萌发期的杂草幼苗效果最好。该除草剂用在移栽水稻田，也可用于棉花、油菜、大豆、玉米、小麦等，防除一年生禾草(如马唐、狗尾草、牛筋草、野燕麦)以及鸭舌草、异型莎草、牛毛毡、马齿苋、陌上菜等。水稻插秧后4～8 d用药。

双丙氨膦是从链霉菌发酵液中分离、提纯的一种三肽天然产物，这是一种非选择性除草剂，其作用比草甘膦快，比百草枯慢，而且对多年生植物有效，对哺乳动物低毒，在土壤中半衰期较短(20～30 d)。双丙氨膦本身无除草活性，在植物体内降解成具有除草活性的草丁膦和丙氨酸。据此，德国已人工模拟开发成功草丁膦除草剂且已被广泛应用。

双丙氨膦和草丁膦是非选择性茎叶处理剂，在土壤中迅速降解消失而无土壤处理活性，主要用在非耕地防除多种一年生和多年生禾草和阔叶草。但是，在抗草丁膦和耐草甘膦的转基因作物田中，可以较为安全地使用这2种除草剂。

十七、嘧啶水杨酸类

嘧啶水杨酸类除草剂是一类新型的乙酰乳酸合成酶抑制剂，主要用作苗后茎叶处理，能被植物茎、叶吸收，并在体内传导。目前，主要登记用在水稻田，尤其是直播稻田防除杂草。嘧啶肟草醚对水稻和小麦安全，可防除多种禾本科、阔叶和莎草科杂草，特别是对稗草的活性高，使用剂量每公顷为30 g有效成分。双草醚对水稻安全，主要用在直播稻，对多种禾本科、阔叶和莎草科杂草有效，使用剂量为每公顷15～45 g有效成分。环酯草醚可防除大多一年生禾本科杂草，如稗草、马唐、狗尾草等和部分阔叶草，如苘麻、苋菜、藜等，以及部分莎草。

十八、有机杂环类及其他

氯氟吡氧乙酸为选择性内吸传导激素型除草剂。其杀草作用与2,4-D相似，引起偏上性。木质部导管堵塞并变棕色，植株枯萎，脱叶，坏死。选择性是由于杂草对药剂的吸收、传导及生化反应不同。该药在环境中常被淋溶入下层土壤，残留期较长，对动物毒性低。在小麦分蘖期茎叶喷雾，也可用于其他禾谷类作物田，防除一年生及多年生阔叶杂草，如猪殃殃、繁缕、水花生、打碗花、马齿苋、宝盖草、泽漆、蓼等。也用于非耕地，防除阔叶杂草。

苯达松是选择性茎叶处理除草剂，主要抑制光合作用中的希尔反应。苯达松在植物体内传导作用很小，因此，喷药时药液雾滴要覆盖好杂草叶面。禾本科与豆科植物体降解该药能力强且具耐药性，多种阔叶杂草与莎草则对该药敏感。适用于水稻、麦类与大豆及玉米等作物，防除马齿苋、猪殃殃、繁缕等。

野麦枯是选择性内吸传导性茎叶处理除草剂。作用于野燕麦生长点的分生组织，影响细胞分裂和伸长。在麦类及油菜等作物田防除野燕麦，于野燕麦 3 叶期至分蘖末期施药。

二氯喹啉酸是选择性内吸传导型除草剂，具有激素型除草剂的特点，与生长激素类物质的作用症状相似。通常经根部以及萌发的种子、叶吸收。水稻根部能将其分解而失活，因而对水稻安全。受害杂草嫩叶出现轻微失绿现象，叶片出现纵向条纹并弯曲。

主要用在移栽和直播稻田防除杂草，对大龄草(4～7 叶期)也有效。直播田使用时，应在秧苗 1 叶 1 心后施用，以免发生药害。最佳施药时间在杂草 2～4 叶期，保水撒施或排水后保湿喷雾均可。喷药后 2～3 d 灌水，保持 3～5 cm 水层 5～7 d。

噁草酮是选择性触杀型除草剂。该除草剂经杂草幼苗吸收，使幼苗停止生长，继而腐烂死亡。主要抑制植物体 ATP 形成。有光时才能发挥除草活性。适用于水稻，也可用于大豆、棉花等作物田防除一年生禾本科杂草和阔叶杂草。以苗前土壤处理为佳。

第四节　化学除草剂的杀草原理

一、除草剂的吸收与传导

除草剂进入植物体内并传导到作用部位是其杀死植物的第一步。如果除草剂不能被植物吸收，或吸收后不能被传导到作用部位，就不能发挥除草活性。除草剂进入植物体内及在植物体内的传导方式因施用方法及除草剂本身的特性不同而异。掌握除草剂的吸收和传导特性有助于正确使用除草剂，提高除草效果。

(一)除草剂的吸收

1. 土壤处理除草剂的吸收

(1)根吸收

根是土壤处理除草剂的主要吸收部位。除草剂可以穿过植物根表皮层，溶解在水中的除草剂接触到根表面时，被根系连同水一起吸收。吸收过程是被动的，即简单的扩散现象。根细胞吸收除草剂的速度与除草剂的脂溶性呈正相关。具有极性的除草剂进入根细胞的速度较慢，而脂溶性的除草剂进入根细胞的速度较快。根细胞对弱酸性除草剂的吸收受土壤 pH 的影响，在低 pH 的情况下，吸收量大。

(2)幼芽吸收

土壤处理除草剂除了被植物的根吸收外，也可被种子和未出土的幼芽(包括胚轴)吸收。在杂草出苗前，幼芽虽也有角质层，但其发育的程度比地上部低，所以它不是除草剂进入植物的有效障碍。幼芽吸收除草剂的能力因植物的种类和除草剂品种不同而异。一般来说，禾草的幼芽对除草剂较敏感。二硝基苯胺类、胺类、三氮苯类等均可通过未出土的幼芽吸收。除草剂对根、芽的联合作用为加成作用，即某种除草剂对根和芽分别作用的毒力和对根、芽同时作用的毒力相等。

了解杂草和作物的根或芽对某种除草剂吸收的相对重要性能帮助我们有效、安全地使用该剂。如以芽吸收为主的除草剂，将其施用在杂草芽所处的土层，可达到最大的除草作用。

2. 茎叶处理除草剂的吸收

除草剂喷施到植物叶片后，有如下几种情形发生：①药滴到土壤中；②变成气体挥发掉；③被雨水冲走；④溶剂挥发后变成不定形或定形结晶沉积在叶面；⑤脂溶性除草剂渗透到角质层后，滞留在脂质组分中；⑥除草剂被吸收，穿过角质层或透过气孔进入细胞壁和木质部等非共质体中，或继续进入共质体。

(1)角质层吸收

所有植株地上部表皮细胞外覆盖着角质层，角质层的主要功能是防止植物水分损失，同时也是防止外源物质渗入和微生物入侵的有效屏障。茎叶处理除草剂进入植物体内的最主要障碍是角质层。

除草剂进入角质层的主要障碍是蜡质。蜡质的组成影响药液在叶片的湿润性和药剂穿透量。对同种植物来说，角质层的厚度与除草剂的穿透量呈反相关。嫩叶吸收除草剂的量大于老叶就是由于嫩叶的角质层比老叶薄。对不同植物来说，角质层的厚度与除草剂穿透的相关性不大。

除草剂穿透角质层的能力受除草剂和外角质层蜡质理化性质的影响，如极性中等的除草剂比非极性或高度极性的除草剂易穿透角质层，油溶性的除草剂比水溶性除草剂易穿过角质层。

(2)气孔吸收

除草剂可从气孔直接渗透到气孔室。气孔吸收量的大小受药液在叶片的湿润程度影响大，受气孔张开的程度影响小。一般来说，气孔对除草剂的吸收影响不大。气孔对除草剂吸收的主要限制因子是药滴的表面张力。药液穿透气孔，表面张力需小于 30 mN/m^2。然而，大多数农用除草剂药液的表面张力在 30～35 mN/m^2，很难通过气孔渗入，但有些表面活性剂的活性极高，如有机硅表面活性剂，可大大降低药液的表面张力。如在除草剂中加入这类表面活性剂，则可提高气孔的吸收量。

(3)质膜吸收

除了直接作用于质膜表面的除草剂，其他除草剂在达到作用位点时，必须通过质膜。大多数除草剂通过质膜是一种被动的扩散作用，不需要能量。有些除草剂，如苯氧羧酸类，则需要能量。水溶性除草剂通过质膜的量与除草剂分子大小呈负相关，而脂溶性除草剂通过质膜的量则与分子大小无关，而与脂溶性呈正相关。

3. 剂型对除草剂吸收的影响

除草剂都是加上其他辅助成分加工成不同的剂型才施用的。把除草剂制成一定的剂型可提高叶面的湿润性和除草剂的穿透力，或提高剂型稳定性和抗雨水冲刷能力，甚至可以提高除草剂的活性。

在剂型中添加的表面活性剂，除了可降低药液表面张力和减小药液接触角、提高湿润性、增加除草剂的附着面积外，还可以溶解外角质层蜡质，有利于除草剂的穿透。表面活性剂还可能进入角质层改变角质层的理化性质，影响除草剂进入植物体的路径。表面活性剂本身也会对植物细胞产生毒害作用，从而提高除草剂处理的除草活性。

除草剂施用后，由于水分和溶剂蒸发、挥发，药滴会很快干掉。在剂型中添加的助剂可以使除草剂在药滴干燥后成为非结晶状态。另外，助剂还可以使沉留在叶片上的除草剂周围保持一定水分，从而有利于叶片的吸收。

（二）除草剂的传导

1. 短距离传导

除草剂被植物根、叶吸收后，必须在植物体内移动，才能到达作用部位。有些除草剂从进入点到达作用部位所移动的距离很短，这类除草剂主要是苗前处理剂和茎叶处理的光合作用抑制剂，如百草枯不需要远距离移动，主要进入含有叶绿体的细胞就可发挥活性。

植物细胞壁和细胞膜不是除草剂移动的重要障碍。一旦除草剂被植物吸收，在体内的短距离移动就会发生。除草剂可随胞质流通过胞间连丝从一个细胞移动到另一个细胞，或通过扩散作用和水分质体流在非共质体移动。

根部吸收的除草剂在到达内皮层之前可通过非共质体和共质体传导。由于凯氏带的阻隔，通过内皮层时，只能从共质体传导。通过内皮层后，则又可经非共质体和共质体传导。

2. 长距离传导

对很多苗后处理除草剂来说，长距离的传导才能更有效杀灭杂草，特别是多年生杂草。如果长距离传导的除草剂量不够，则杂草不能被完全杀死，只部分枯死或生长受到抑制，杂草很快可恢复生长。

除草剂通过木质部和韧皮部在植物体内进行长距离的传导。按在木质部和韧皮部的移动性，除草剂可分为四大类：木质部可移动的、韧皮部可移动的、木质部和韧皮部均可移动的和不可移动的。这种分类是人为划分的，它并不能真正反映除草剂在植物体内的移动特性。因为所有除草剂都有能力在木质部和韧皮部移动，只是有的除草剂在木质部的移动量大于在韧皮部的移动量，有的除草剂则是在韧皮部的移动量大于在木质部的移动量。

（1）木质部传导

木质部是非共质体，其功能是作为水、无机离子、氨基酸和其他溶质的传导通道，植物体内水势梯度影响水在木质部的移动，移动顺序为从土壤→根→茎→叶→空气，水势梯度由高到低。溶解在水中的除草剂随着蒸腾流从水势高的根部移动到水势低的叶片或生长点。

大多数除草剂易在木质部移动，但由于如下原因，并不是所有的除草剂都能在木质部移动：①除草剂被木质部和韧皮部的细胞成分所吸附；②除草剂被细胞器（如液泡、质体）所分隔；③除草剂和植物体内物质发生共轭作用而不能在木质部移动。如土壤处理的弱酸性除草剂阴离子易留在根细胞，使其在木质部传导量较低。

环境条件，如土壤和空气湿度影响蒸腾作用，同时也影响除草剂在木质部的移动。土壤湿度大、空气干燥,蒸腾作用强。在水分严重亏缺的条件下,气孔关闭,此时土壤和空气之间的水势梯度较大,蒸腾作用也下降,从而降低除草剂从根到叶片的传导量。然而,在大多数情况下,水分的蒸腾量和除草剂在木质部的传导量呈正相关关系。

(2)韧皮部传导

韧皮部是共质体,它是同化物传导的通道。成熟叶片叶肉细胞合成的糖流到非共质体中,然后再从非共质体转移到韧皮部,也可直接从叶肉细胞转移到韧皮部。在木质部里,糖沿着渗透压流移动到嫩叶、花序、正在发育的种子、果实、根、地下茎等组织。除草剂随着同化物流在木质部被动移动。除草剂可以不进入叶片细胞的细胞质,而直接从非共质体移动到木质部,也可以先进入表皮和叶肉细胞,然后再移动到韧皮部。

韧皮部传导的除草剂,有少量可以从韧皮部渗漏到木质部或相邻组织,并在木质部传导。严格地来说,没有绝对的韧皮部传导的除草剂,只是在韧皮部传导的量比在木质部传导的量大,韧皮部传导除草剂的这种特性使得它比同化物质更好地在植物体内均匀分布。

有些除草剂(如禾草灵)在韧皮部的移动性小,是由于它极易从韧皮部渗透到木质部和邻近的组织,而不易在韧皮部滞留。

影响光合作用的各种环境条件如气温、相对湿度、光照和土壤湿度均会影响除草剂在韧皮部的传导。在使用这类除草剂时,要充分考虑这些因素的影响,同时也要考虑杂草在不同时期同化物质移动的方向以及除草剂使用对光合作用的影响,以便除草剂在韧皮部传导,达到彻底灭草的目的。如为了彻底防治多年生杂草,施药时应注意将药液喷施到下部叶片,使药剂传导到杂草的地下部分,因为地下部的同化物主要来源于下部的叶片。又如为了有效地防治难以防除的多年生杂草,应分次低量喷施除草剂,以免一次性大量喷施伤害叶片而不利于除草剂的传导,从而降低对地下部的杀伤作用。

二、除草剂的作用机理

除草剂被植物根、芽吸收后,作用于特定位点,干扰植物的生理、生化代谢反应,导致植物生长受到抑制或死亡,除草剂对植物的影响分初生作用和次生作用。初生作用是指除草剂对植物生理生化反应的最早影响,即在除草剂处理初期对靶标酶或蛋白质的直接作用。由于初生作用而导致的连锁反应,进一步影响植物的其他生理生化代谢,被称为次生作用。

(一)抑制光合作用

光合作用包括光反应和暗反应。在光反应中,通过电子传递链将光能转化成化学能储藏在 ATP 中;在暗反应中,利用光反应获得的能量,通过 Calvin-Benson 途径或 Hatch-Slack 途径将 CO_2 还原成碳水化合物。除草剂主要通过以下途径来抑制光合作用:抑制光合电子传递链、分流光合电子传递链的电子、抑制光合磷酸化、抑制色素生物合成。

1. 抑制光合电子传递链

约有 30%的除草剂是光合电子传递抑制剂,如三氮苯类、取代脲类、尿嘧啶类、双氨基甲酸酯类、酰胺类、二苯醚类、二硝基苯胺类。作用位点在光合系统Ⅰ和光合系统Ⅱ之间,即 QA 和 PQ 之间的电子传递体 D1/D2 蛋白,除草剂与该蛋白结合后,改变它的结构,抑制电子从

QA 传递到 PQ，使得光合系统处于过度的激发态，能量溢出到氧或其他邻近的分子，发生光氧化作用，最终导致毒害。

2. 分流光合电子传递链的电子

联吡啶类除草剂，如百草枯和敌草快等是光合电子传递链分流剂。它们作用于光合系统Ⅰ，截获电子传递链中的电子而被还原，阻止铁氧化还原蛋白的还原及其后的反应。这类除草剂杀死植物并不是直接截获光合系统Ⅰ的电子，而是还原态的百草枯和敌草快自动氧化过程中产生过氧根阴离子导致生物膜中未饱和脂肪酸产生过氧化作用，破坏生物膜的半透性，造成细胞的死亡。

3. 抑制光合磷酸化

有些电子传递抑制剂，如二苯醚类、联吡啶类、敌稗等，在高浓度下也能抑制光合磷酸化使得 ATP 合成停止。光合磷酸化抑制剂，也称解偶联剂。

4. 抑制色素生物合成

在类囊体膜上，有大量的叶绿素和类胡萝卜素。这两类色素紧密相连，前者收集光能，后者则保护前者免受氧化作用的破坏。抑制这两类色素中任何一种的合成，将导致植物出现白化现象。有多种除草剂，如吡氟酰草胺、氟啶草酮、苯草酮、苄胺灵、异噁草酮可抑制类胡萝卜素生物合成。但不同除草剂的作用靶标酶不同。大多数类胡萝卜素抑制剂是抑制去饱和酶（八氢番茄红素去饱和酶和 5-胡萝卜素去饱和酶）。异噁草酮不抑制去饱和酶，其作用位点在异戊烯焦磷酸与牻牛儿[基]焦磷酸之间。类胡萝卜素合成受阻会导致叶绿素遭到破坏，植物出现白化现象。

最新的研究证明了一些除草剂，如二苯醚类除草剂和噁草灵，直接抑制叶绿素的生物合成，其作用靶标酶是原卟啉原氧化酶，导致原卟啉合成受阻，从而抑制叶绿素的合成。此外，苯达松则是通过抑制水光解（Hill 反应）杀灭杂草的。

（二）抑制脂肪酸合成

脂类是植物细胞膜的重要组成部分，现已发现有多种除草剂抑制脂肪酸的合成和链的伸长，如芳氧苯氧丙酸类、环己烯酮类、硫代氨基甲酸酯类、哒嗪酮类。芳氧苯氧丙酸类和环己烯类除草剂的靶标酶均是乙酰辅酶 A 羧化酶。常称作乙酰辅酶 A 羧化酶抑制剂。

（三）抑制氨基酸的合成

1. 抑制芳香氨基酸合成

3 种芳香氨基酸，苯丙氨酸、酪氨酸和色氨酸是通过莽草酸途径合成的，很多次生芳香物也是通过该途径合成的。在动物中，没有莽草酸途径，但在植物、真菌和细菌中很重要。在目前商品化的除草剂中有草甘膦影响莽草酸途径，其作用耙标酶是 5-烯醇式丙酮酸莽草酸-3-磷酸合成酶。该酶是缩合莽草酸-3-磷酸和磷酸烯醇式丙酮酸产生 5-烯醇式丙酮酸、莽草酸-3-磷酸和无机磷酸。

2. 抑制支链氨基酸合成酸

缬氨酸、亮氨酸和异亮氨酸是通过支链氨基酸途径合成的。新开发的超高效除草剂磺酰脲类、咪唑啉酮类和磺酰胺类除草剂抑制这3种支链氨基酸的合成，其作用靶标酶是支链氨基酸合成途径中第一个酶——乙酰乳酸合成酶。乙酰乳酸合成酶也称乙酰羟酸合成酶，缩合两个丙酮酸分子产生亮氨酸和缬氨酸的前体——2-乙酰乳酸。同时，也缩合一个丙酮酸和2-酮丁酸产生异亮氨酸的前体2-乙酰羟基丁酸。

3. 抑制谷氨酰胺合成

谷氨酰胺合成酶是氮代谢中重要的酶，催化无机氮同化到有机物上，同时也催化有机物间的氨基转移和脱氨基作用。草丁膦除草剂的作用靶标是谷氨酰胺合成酶，阻止氨的同化，干扰氮的正常代谢，导致氨的积累，光合作用停止，叶绿体结构破坏。双丙氨膦本身是无除草活性的，被植物吸收后，分解成草丁膦和丙氨酸而起到杀草作用。

(四)干扰素平衡

最早合成的有机除草剂苯氧乙酸类(如2,4-D、2甲4氯)以及苯甲酸类除草剂具有植物生长素的作用。氯氟吡啶乙酸和二氯喹啉酸也属于激素型除草剂。

植物通过调节生长素合成和降解、输入和输出速度以及共轭作用(包括可逆和不可逆共轭)来维持不同组织中生长素的正常水平，其中可逆共轭作用最为重要。激素型除草剂处理植物后，由于无法调控它在细胞间的浓度，所以植物组织中的激素(激素型除草剂)浓度极高，干扰植物体内激素的平衡，影响植物的形态发生，最终导致植物死亡。

(五)抑制微管与组织发育

植物细胞的骨架主要由微管和微丝组成。它们保持细胞形态，在细胞分裂、生长和形态发生中起着重要作用。大量研究明确了很多除草剂直接干扰有丝分裂纺锤体，使微管的机能发生障碍或抑制微管的形成，如二硝基苯胺类除草剂与微管蛋白结合，抑制微管蛋白的聚合作用，导致纺锤体微管不能形成，使细胞有丝分裂停留在前中期，影响正常的细胞分裂，导致形成多核细胞、肿根。

三、除草剂的选择性原理

除草剂的选择性是指除草剂在一定剂量下，杀灭某些植物，而对另一些植物无明显的影响。常用选择性指数来表示。

除草剂的选择性指数越高，对作物的安全性越好。除草剂的选择性主要由植株形态不同造成的接受除草剂药量的差异、吸收和传导除草剂的差异、对除草剂的代谢速度和途径的差异、靶标蛋白对除草剂敏感性的差异，以及耐受除草剂毒害能力的差异所致，即形态、生理和生化选择。

1. 形态选择

形态选择是指由于杂草和作物植株的形态差异，使得它们接收药量不同而实现的选择性，如禾谷类作物叶片窄而挺直，芽和心叶被包在叶片里面，着药面积小，不易受害。而阔叶杂草的叶片宽大，芽和心叶常裸露在外，着药面积大，易受害。

2. 生理选择

生理选择是指由于植物吸收和传导除草剂能力的差异而实现的选择性。不同植物的发芽、幼苗出土特性不同，根芽形态存在差异，角质层发育程度不同，吸收除草剂的能力也就不一样。另外，不同的生理代谢也影响吸收能力。如 2,4-D 在禾本科与阔叶植物之间的选择性，部分原因就是由于这两类植物吸收该药的能力差异而造成的。

除草剂必须从吸收部位传导到作用部位，才能发挥生物活性。植物传导能力决定了在作用部位除草剂的浓度，因此传导能力差异影响除草剂的选择性，如扑草净对棉花的选择性，其原因之一是由于该药在棉花体内被溶生腺所捕获，不易传导。

3. 生化选择

生化选择是指植物钝化（包括降解和共轭作用）除草剂能力、靶标酶的敏感性和耐受毒害影响能力的差异而实现的选择性。大多数除草剂的选择性是生化选择的作用，如烟嘧磺隆对玉米的选择性，是由于烟嘧磺隆被玉米吸收后能迅速降解。敌稗在稻与稗草之间的选择性是由于在稗草中的酰胺水解酶的浓度远低于稻株中的浓度。该酶能将敌稗水解成无毒物质。

培育抗除草剂作物主要利用以下 3 种途径：一是改变靶标的敏感性（导入不敏感的靶标酶）；二是提高作物降解的能力（导入降解酶）；三是增加靶标酶的量（导入催化靶标酶合成的酶）。

4. 时差和位差选择

时差和位差的选择是指人为地利用作物和杂草在时间和空间分布不同，使作物不接触或少接触除草剂，而使杂草大量接触除草剂而实现的选择性。在杂草化学防除中，常利用时差和位差的选择，如在棉田和玉米中，后期行间空间喷施灭生性除草剂百草枯或草甘膦就是利用位差选择，在移栽稻田使用丁草胺也是利用位差选择。在作物地播后苗前喷施百草枯或草甘膦防除已出苗的杂草也是利用时差选择。

掌握不同除草剂的选择原理，对安全有效使用除草剂有较大帮助。另外，除草剂的选择性还受环境条件的影响，如在大豆地使用乙草胺遇到强降雨时，使乙草胺淋溶到大豆根层而产生药害。气温对土壤处理除草剂的选择性影响较大，施药后如遇低温，作物出土慢，增加了接触药剂的时间，加之在低温下，作物降解能力低，易出现药害。作物不同品种之间对除草剂的敏感性也存在差异，如大多数大豆品种对嗪草酮具有耐药性，而合丰 25、北非系列对该药则较敏感。因此在使用除草剂时一定要考虑作物品种间对除草剂敏感性的差异，以免发生药害。

第五节　除草剂在环境中的归趋及残留

一、除草剂在环境中的归趋

使用除草剂的负影响之一是对环境的污染，了解除草剂在环境中的归趋，除了可提高其使用效果外，还可防止或降低其对环境的影响。除草剂使用后在环境中通过物理、化学、生物途径，会发生一系列变化。

1. 挥发

挥发作用是一些蒸气压较高的除草剂（如二硝基苯胺类、硫代氨基甲酸酯类）从土壤中消失的主要途径之一。挥发作用可使除草剂从土壤表面迅速消失，从而使除草作用下降，如土壤喷施氟乐灵后，如果不立即混土，氟乐灵会大量挥发掉，使得除草效果差。另外，挥发作用还可能造成漂移药害，对邻近的敏感作物（如棉花、瓜类、蔬菜）造成药害。

2. 淋溶

淋溶是除草剂随水流在土壤中移动的现象，除草剂在土壤中淋溶移动的方向主要是向下。除草剂在土壤中的淋溶作用影响除草效果，同时，也影响到对作物的安全性。淋溶可能使除草剂从浅层杂草根区到较深的作物根区，从而降低除草效果，造成作物药害。淋溶作用使除草剂移动到深层土壤而污染地下水。除草剂淋溶作用大小受除草剂水溶性和土壤质地、土壤结构、有机质含量和降水量的影响。水溶性高的除草剂淋溶性强；除草剂在砂质、孔隙大、有机质含量低的土壤中的淋溶大于在黏性、致密、有机质含量高的土壤中的淋溶。除草剂淋溶量与降水量呈正相关关系。

3. 径流

径流是指除草剂随着雨水或灌溉水在地表水平移动。径流主要发生在水田和坡地。径流是除草剂进入河流、湖泊的主要途径。

4. 吸附与解吸附

土壤含有大量的无机胶体（黏粒）和有机胶体（腐殖质），具有极大的界面，它能通过物理或化学方式吸附除草剂分子。吸附作用又可分为可逆吸附和不可逆吸附。不可逆吸附使除草剂丧失除草活性，可逆吸附则可防止除草剂迅速从土壤中消失，保持残留活性。被吸附的除草剂不易挥发、淋溶和降解。

5. 光解

有很多除草剂对光敏感（主要是紫外线），在阳光的照射下，发生分解而失活，如二硝基苯胺类除草剂极易光解。为了防止这类除草剂的光解，提高除草活性，喷施后应立即混土，避免被光照射。对大多数除草剂来说，光解不是它们在环境中消失的主要途径。

6. 化学降解

除草剂能与土壤中的成分发生化学反应而消失。这些化学反应包括氧化还原反应、水解、形成非溶性盐和络合物。其中水解是最主要的。

7. 微生物降解

微生物降解是有些除草剂在土壤中降解的主要途径。参与除草剂降解的微生物有真菌、细菌和放线菌。微生物降解的途径有脱卤、脱烷基化、水解、氧化、羧基化、环裂解、硝基还原等。除草剂的微生物降解有一个滞后期，即在初期除草剂的降解速度极慢，过一段时间后，降解才迅速加快。这一个滞后期是由于在除草剂使用初期，可降解除草剂的微生物种群还未建立。在除草剂的诱导下，微生物种群逐渐扩大，种群建立后除草剂的降解速度加快。连续多年施用某种除草剂可使得土壤中降解这种除草剂的微生物种群保持在较高的水平，而使得这种降解滞后期缩短，甚至消失，进而降低土壤处理除草剂的持效期，从而降低除草效果。

8. 植物吸收

植物吸收也是除草剂从土中消失的途径之一。被植物吸收的除草剂在植物体内可发生氧化还原、水解、环化、环的裂解、共轭等作用而消失。被吸收的除草剂也随着作物收割被移出农田。

二、除草剂在土壤中的残留

除草剂在土壤中的残留影响除草剂的持效性和对环境的安全性。从防除杂草的角度，除草剂应具有一定的残留期，残留期太短，除草效果不好；残留期太长，又会造成下茬作物的药害。但从保护环境的角度出发，除草剂的残留期越短越好，除草剂太稳定，不易降解，在环境中的残留量大，污染环境，如莠去津，在环境中较稳定，对地下水的污染严重。

除草剂在环境中的稳定性主要是由它本身化学结构和理化性质所决定的，同时也受到环境条件的影响。不同除草剂在土壤中稳定性相差甚远，如敌稗在土壤中极易被降解，无残留活性，而有的除草剂，如绿磺隆、异噁草酮、咪唑乙烟酸和莠去津在土壤中的残效期极长，被称为长残效除草剂。这些长残效除草剂易造成对下茬敏感作物的药害。

有的除草剂在土壤中被土壤颗粒吸附，虽然残留期长，但无土壤处理活性，如百草枯在土壤中的半衰期很长，但它们进入土壤后，迅速被土壤颗粒吸附而失活。

除草剂在土壤中的稳定性还受剂型、环境条件的影响，如 2,4-D 不同剂型的半衰期不同，通常为酸＜酯＜二甲胺盐。土壤质地、有机质含量、pH、离子交换量和含水量等均影响除草剂的残留，如绿磺隆在碱性土壤中比在酸性土壤中残留长。

除草剂残留也与气候条件有关。高温、高湿、多雨有利于除草剂降解，减少残留。

第六节 化学除草剂使用的基本原则

一、影响除草剂药效发挥的因素

除草剂的除草效果是其自身的毒力和环境条件综合作用的结果，所以在田间使用除草剂的药效除了受自身的生物活性大小影响外，还受环境条件（包括生物因子和非生物因子）和施药技术的影响。下面就分别简述这些因素对除草剂药效的影响。

(一)除草剂剂型和加工质量

同一种除草剂不同的剂型对杂草防除效果不尽相同，如莠去津悬浮剂的药效比可湿性粉剂高。悬浮剂中的莠去津有效成分的粒径比在可湿性粉剂中小，前者的粒径在 5 μm 以下，而后者大多在 20～30 μm。加工质量不好，如细度不够，或有沉淀、结块、乳化性能差，直接影响除草剂的均匀施用，从而降低药效。

(二)环境因素

1. 生物因素

(1)作物

作物的种类和生长状况对除草剂的药效有一定的影响，同一种除草剂在不同作物上的药效不一样。不同的作物与杂草的竞争力强弱不同。竞争力强、长势好的作物能有效地抑制杂草的生长，防止杂草再出苗，从而提高除草剂的防效。在竞争力弱、长势差的作物地里，施用除草剂后残存的杂草受作物的影响小，可很快恢复生长，同时土壤中杂草种子也可能再次发芽、出苗，造成为害。因此为了保证除草剂的药效，在确定施用量时，需要考虑作物的种类和长势。

(2)杂草

不同的杂草种类或同一种杂草不同的叶龄期对某种除草剂的敏感程度不同，因此杂草群落结构、杂草大小对除草剂的药效影响也极大。另外，杂草的密度对除草剂的田间药效也有一定的影响。

(3)土壤微生物

土壤中某些真菌、细菌和放线菌等都有可能参与除草剂降解，从而使除草剂的有效生物活性下降。因此，当土壤中分解某种除草剂的微生物种群较大时，则应适当增加该除草剂用量，以保证其药效。

2. 非生物因子

(1)土壤条件

土壤质地、有机质含量、pH 和墒情等因素直接影响土壤处理除草剂在土壤中吸附、降解速度、移动和分布状态，从而影响除草剂的药效。在有机质含量高、黏性重的土壤中，除草剂吸附量大，活性低，药效下降。土壤 pH 影响一些除草剂的离子化作用和土壤胶粒表面的极性，从而影响除草剂在土壤中的吸附。土壤 pH 也影响一些除草剂的降解，如磺酰脲类除草剂在酸性土壤中降解快，而在碱性土壤中降解慢。土壤墒情对土壤处理除草剂的药效影响较大，土壤墒情差不利于除草剂药效的发挥。为了保证土壤处理除草剂的药效，在土表干燥时施药，应提高喷液量，或施药后及时浇水。

土壤墒情和营养条件不仅影响杂草的出苗和生长，也会影响除草剂的药效。土壤墒情差，杂草出苗不齐，会降低土壤处理除草剂的药效，对苗后处理除草剂也不利。

(2)气候

温度、相对湿度、风、光照、降雨等对除草剂药效均有影响。一般来说，高温高湿有利于除草剂药效的发挥。风速主要影响施药时除草剂雾滴的沉降。风速过大，除草剂雾滴易漂移，减少在杂草整株上的沉降量，使除草剂的药效下降。对需光的除草剂来说，光照是发挥除草活性的必要条件。光照条件好时施用百草枯能加快杂草的死亡速度，但不利于杂草对该药的吸收，反而可能造成除草效果的下降。对易光解的除草剂，光照会加速其降解，降低其活性。对土壤处理除草剂，施药前后降水可提高土壤墒情而提高药效。但对茎叶处理除草剂，施药后就下雨，杂草茎、叶上的除草剂会被冲刷掉而降低药效。

(三)施药技术

1. 施药剂量

为了达到经济、安全、有效的目的，除草剂的施药量必须根据杂草的种类、大小和发生量来确定，同时，考虑到作物的耐药性。杂草叶龄高、密度大，应选用高限量，反之则选用低限量。

2. 施药时间

许多除草剂对某种杂草有效是对杂草某一生育期而言的，如酰胺类除草剂对未出苗的一年生禾本科杂草有效。在这些杂草出苗后施用，防效极差，对大龄杂草则无效。又如烟嘧磺隆对 2～5 叶期杂草效果好，杂草过大时施用则达不到防治效果。

3. 施药质量

除草剂在使用时，施药质量极为重要。施药不均，使有的地块药量不够，除草效果下降，而有的地块药量过多，有可能造成作物药害。

(四)除草剂变量施药技术

变量施药技术是基于田间杂草的发生数量和分布范围自动调节喷嘴的喷洒速率、有选择性、精确的除草剂喷施技术。通常杂草在田间的分布是随机的、不均匀的，而且具有簇生性，杂草分布的这种不连续性，为变量施药技术的可行性提供了依据。变量施药技术的优点主要是减少除草剂用量，降低除草成本，提高除草效率和效果。研究表明，除草剂的变量喷洒技术能够节省药量，大大减轻大面积施用除草剂对环境造成的污染。

二、除草剂混用及其互作效应

在生产中,除草剂混用极为普遍。混合施用不同的除草剂,或把不同的除草剂加工成混剂再施用,可扩大杀草谱,提高药效,降低除草剂的施用量、残留量和防治成本,防止作物药害,阻止或延缓抗性杂草的产生,延长除草剂的有效期。

1. 互作的类型

在把不同除草剂品种混合使用时,除草剂间会相互作用,其互作类型可分为加成作用、增效作用和拮抗作用。

(1)加成作用

加成作用是指两种除草剂混用的实际除草效果等于根据有关模型计算出的两种除草剂单用的除草效果之和。

(2)增效作用

增效作用是指两种除草剂混用的实际除草效果大于根据有关模型计算出的两种除草剂单用的除草效果之和。

(3)拮抗作用

拮抗作用是指两种除草剂混用的实际除草效果小于根据有关模型计算出的两种除草剂单用的除草效果之和。

2. 除草剂混用的注意事项

(1)一般情况下,混用的除草剂之间应不存在拮抗作用。在个别情况下,可利用拮抗作用提高对作物的安全性,但应保证除草效果。

(2)混用的除草剂之间应在物理、化学上有相容性,不发生分层、结晶、凝聚和离析等物理现象,有效成分也不应发生化学反应。

(3)利用除草剂间的增效作用提高对杂草的活性,也会提高对作物的活性。所以要注意防止对作物产生药害。

三、除草剂药害的发生及其补救措施

1. 药害发生的原因

除草剂对作物的选择性是相对的,只有在一定的条件下合理使用,才对作物安全。在生产中使用除草剂,有多种原因可引起作物药害。

(1)误用

误用在生产中时有发生,通常表现为错把除草剂当成杀虫剂使用,或使用的除草剂品种不对。

(2)质量问题

多指除草剂中含有其他活性的成分,或加工质量差,出现分层等,或由于药液不均匀导致药害。

(3)使用技术不当

在生产中,许多药害是由于使用技术不当造成的。使用时间不正确、使用剂量过大或施药不均匀等都可能造成作物药害,如2,4-D在小麦4叶期至拔节期使用很安全,但在小麦3叶期前和拔节后使用就会造成药害。在喷药时,发生重喷现象也会造成作物药害。

(4)混用不当

有机磷或氨基甲酸酯类杀虫剂能严重抑制水稻植株体内芳基酰胺酶的活性,如把敌稗与这些杀虫剂混用,敌稗在水稻植株内不能迅速降解,会造成水稻药害。

(5)雾滴漂移或挥发

喷施易挥发的除草剂,如短侧链的苯氧羧酸类除草剂,其雾滴易挥发,或漂移到邻近的作物上而发生药害。

(6)除草剂降解产生有毒物质

在通气不良的稻田,过量或多次使用杀草丹,杀草丹会发生脱氯反应,生成脱氯杀草丹,会抑制水稻生长,造成矮化现象。

(7)施药器具清洗不干净

喷施过除草剂的喷雾器或盛装过除草剂的药桶,应清洗干净,如未清洗干净,残留除草剂,再次使用时可能造成敏感作物的药害。对喷施过超高效除草剂的喷雾器也需清洗干净,因为残留在喷雾器中少量的药液也可能造成敏感作物的药害。

(8)土壤残留

有些除草剂的残效期很长,被称为长残效除草剂,如绿磺隆、甲磺隆、胺苯磺隆、氯嘧磺隆、咪草烟、莠去津、广灭灵等。使用这些除草剂后,如下茬种植敏感作物有可能会发生药害,这种药害被称为残留药害。

①阿特拉津(大豆药害)(每公顷有效成分1 140 g)

②嗪草酮(甜菜、洋葱,每公顷有效成分420～1 120 g):4个月内不宜种玉米、小麦、大豆,8个月内不宜种麦类、水稻、棉花。

③氯嘧磺隆(每公顷有效成分15.6 g):3个月内不宜种麦类,9个月内不宜种苜蓿、三叶草、棉花、瓜类、玉米、水稻、高粱、向日葵及烟草,18个月内不宜种油菜、白菜、甜玉米,东北地区第2年不宜种高粱、水稻。

④咪唑乙烟酸(每公顷有效成分70～90 g):4个月内不宜种小麦、苜蓿,18个月内不宜种甜菜、亚麻、蔬菜、瓜类、水稻、葱、棉花、玉米、高粱。

⑤氟磺胺草醚(每公顷有效成分375 g):第2年不宜种玉米、水稻、向日葵、棉花;3年内不宜种高粱;4年内不宜种菜类、瓜类;5年内不宜种甜菜、亚麻。

⑥广灭灵(每公顷有效成分480 g):对甜菜、白菜、油菜、洋葱、亚麻、向日葵、高粱、谷子不安全。

⑦二氯喹啉酸(每公顷有效成分300～400 g):2年内不宜种茄科、烟草;3年内不宜种番茄、胡萝卜。

(9)异常气候或不利的环境条件

使用除草剂后,遇到异常气候,如低温、暴雨等可能导致药害发生。如在正常气候条件下,乙草胺对大豆安全。但施用乙草胺后下暴雨，大豆则会受害。

(10)药滴沾染与雨点溅染

杂草焚、克阔乐(乳氟禾草灵)、虎威(氟磺胺草醚)、伴地农(佐丹、辛酰溴苯腈)、果尔（乙氧氟草醚），曾于2005年在东三省玉米田发生危害。

(11)排灌用水、地表径流及药械、包装物污染

如鞍山使用甲嘧磺隆(森草净)因降大雨灌入水田，四平联合化残液流入辽宁水田(灌溉水)。

(12)除草剂选择性差

如克阔乐(乳氟禾草灵)对大豆，伴地农（辛酰溴苯腈)对玉米。

(13)用药不均或量大

药械性能不良或作业不标准，造成用药不均而用量过大。

(14)作物品种间耐药性差异

郑单958、农大364、奥3102、通100(阿乙合剂、2,4-D及玉农乐)。

(15)不同作物间耐药性差异

高粱、西甜瓜、十字花科对砜吡草唑敏感；而该药对于玉米、大豆、小麦、花生、马铃薯等非常安全。

2. 药害的症状

作物药害症状随除草剂的品种、作物种类和作物的生育期不同而异，但一类除草剂引起的作物药害症状还是有些相似的。

(1)激素类除草剂

激素类除草剂所造成的作物药害的典型症状是畸形，如叶片皱缩、茎和叶柄弯曲，抽穗困难，畸形穗(图33-1至图33-8)。药害症状持续时间长，在作物生育初期受害，在后期才能表现出受害症状。

图33-1　玉米受害幼苗

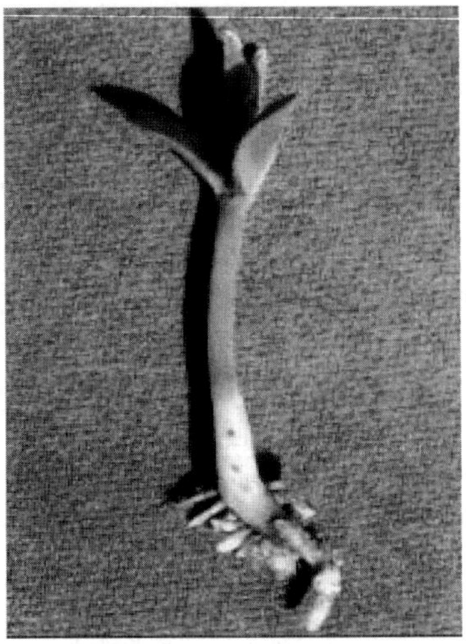

图33-2　大豆幼根缩短、变粗

图 33-3 高粱扭曲、变粗

图 33-4 小麦 2,4-D 异辛酯药害(1)

图 33-5 小麦 2,4-D 异辛酯药害(2)

图 33-6 小麦 2,4-D 异辛酯药害(3)

图 33-7 小麦激素类除草剂药害(1)

图 33-8 小麦激素类除草剂药害(2)

二维码 33-1
图 33-1 至图 33-8 彩图

(2)酰胺类除草剂

此类药剂的药害基本产生于植物的萌芽期和幼苗期。表现为幼苗胚芽稍微变粗，禾本科植物的芽鞘紧裹生长点(出现 D 字苗)(图 33-9 至图 33-11)，豆科作物胚根变短而弯曲、生长点变褐(图 33-12、图 33-13)，有的在出土前后死去(图 33-14)，幼苗受害表现畸形，萎缩、变硬、变脆；禾本科植物外叶皱缩，心叶扭曲，叶色变浓。往往在地势低洼冷凉、土壤过湿及遇到低温、多雨天气时易出现药害。

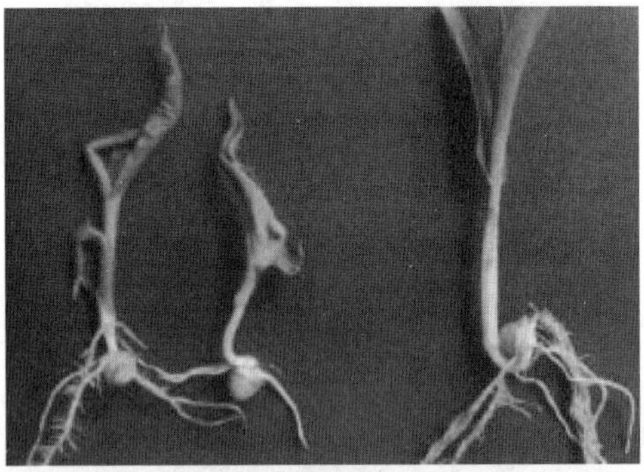
图 33-9　玉米受害幼苗与正常幼苗

图 33-10　玉米外叶蜷缩并紧裹心叶

图 33-11　大豆受害幼苗

图 33-12　玉米苗期药害

图 33-13　异丙草胺药害

图 33-14　玉米乙草胺施药后遇雨

(3)二硝基苯胺类除草剂

通常不影响种子发芽，主要造成幼芽生长停滞，幼根缩短、变粗，根尖膨大成畸形，侧根减少(图 33-15)，瓜类呈畸形果，有裂纹，玉米受害时表现为芽鞘变短而粗，叶片扭曲、皱缩、呈肿瘤状(图 33-16)。

二维码 33-2
图 33-9 至图 33-14 彩图

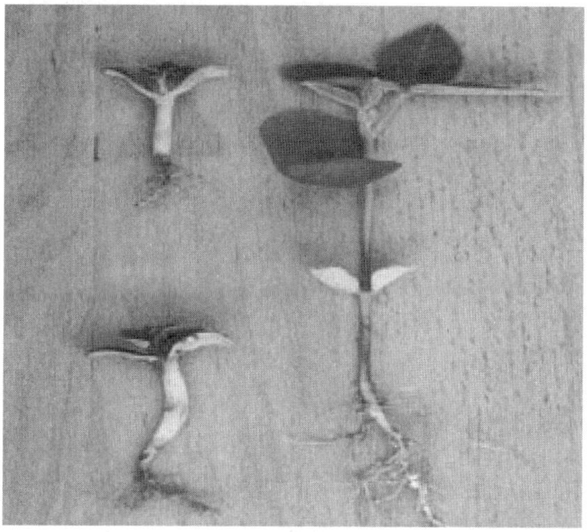

图 33-15　大豆受害植株(左)与正常植株(右)

图 33-16　玉米叶片扭卷状态

(4)二苯醚类除草剂

细胞膜质过氧化而引起内含物流失，此类药剂无良好的传导性，所以药害集中发生在叶片等着药部位，有明显的接触性褐色灼烧斑出现(图 33-17 至图 33-19)。严重受害时，整个叶片干枯、脱落(图 33-20)。在正常剂量下，作物叶片也会有小烧伤斑点，但对作物生长无太大影响。用量过大时，高温干旱会发生严重药害。

二维码 33-3
图 33-15、图 33-16 彩图

图 33-17　大豆叶片的黄褐色枯斑点

图 33-18　大豆幼苗蜷缩并产生枯斑

图 33-19　花生药害

图 33-20　玉米受害植株

二维码 33-4

图 33-17 至图 33-20 彩图

(5)三氮苯类除草剂

三氮苯类除草剂为典型光合作用抑制剂，土壤处理时，不影响植物发芽及出苗，待到出苗见光后才受药害，通常表现为先从底部生出叶片的叶缘、叶尖开始失绿变黄(图 33-21 至图 33-24)，而后向叶片中基部扩展，但叶脉仍残留淡绿色，根部不表现异常症状，大豆田受其残留危害，表现为降雨后幼苗叶缘向内逐渐褪绿变黄、枯萎，叶脉保持淡绿，心叶出现枯斑，严重时叶片全枯，甚至死亡，植物生长缓慢，底、下部豆荚减少，减产严重。高温、高湿、砂质土、盐碱地及有机质含量低于 2%、雨水多时作物易受害。

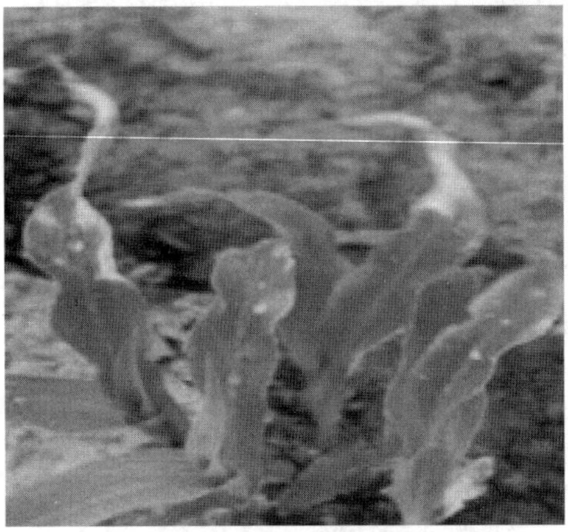

图 33-21　玉米叶尖、叶缘药害

图 33-22　莠去津残留药害

图 33-23　洋葱叶片药害

图 33-24　小麦苗期药害

(6)磺酰脲类除草剂

ALS 酶抑制剂，可阻止蛋白质合成，抑制细胞有丝分裂和植株生长，药害表现为幼嫩的新叶褪绿变黄，植株矮缩，玉米、高粱叶片变黄，禾本科植物幼苗叶鞘包卷部位变扁，受害严重时从生长点开始逐渐枯死，禾本科植物叶片出现黄绿相间条纹，豆类叶脉变褐。纯度低、低温、高湿及残留药害多发生(图 33-25 至图 33-37)。

二维码 33-5
图 33-21 至图 33-24 彩图

图 33-25　玉米受害植株

图 33-26　大豆受害(上)与正常叶片(下)对比

图 33-27　水稻受害植株与正常植株

图 33-28　小麦苗期药害

图 33-29　小麦甲基二磺隆药害(1)

图 33-30　小麦甲基二磺隆药害(2)

图 33-31　玉米烟嘧磺隆药害(1)

图 33-32　玉米烟嘧磺隆药害(2)

图 33-33 玉米烟嘧磺隆药害(3)

图 33-34 玉米烟嘧磺隆药害(4)

图 33-35 玉米烟嘧磺隆药害(5)

图 33-36 玉米烟嘧磺隆药害(6)

图 33-37 玉米苗期药害

二维码 33-6 图 33-25 至图 33-37 彩图

(7)芳氧苯氧丙酸类除草剂

此类除草剂最先影响幼嫩生长组织，心叶枯黄，继而老叶发黄、变紫，然后枯死，生长受到抑制，植株矮小。大豆田应用后漂移到禾本科植物使之受害，表现为根、茎、叶生长停滞，生长点和节间分生组织变褐，叶片变紫（红）（图 33-38、图 33-39）、变黄并逐渐坏死（心叶较易拔出），也有的在幼芽和茎叶上产生枯斑。

图 33-38　高粱茎叶变黄带紫红色斑

图 33-39　谷子叶片变紫红色

二维码 33-7
图 33-38、图 33-39 彩图

(8)环乙烯酮类除草剂

表现为生长缓慢或停滞，幼嫩的新叶褪绿变黄或变为红色、红棕色、红紫色，叶尖灼伤、茎节间变褐（图 33-40），药害较轻时出现黄绿相间的条状纹（图 33-41），受害严重时，由外向内、由叶到茎逐渐枯萎死亡。

图 33-40　玉米心叶变黄，上端枯死，透出紫红色

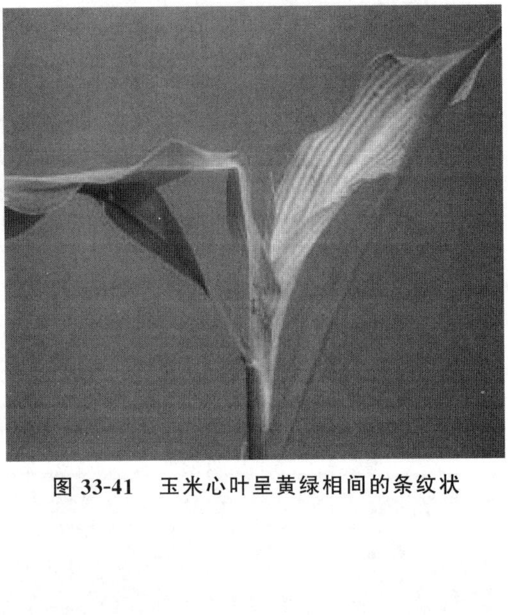

图 33-41　玉米心叶呈黄绿相间的条纹状

(9)咪唑啉酮类除草剂

幼嫩新叶变薄、变黄，产生黄、褐色条纹并皱缩变形，叶缘翻卷，叶鞘变形，有的叶脉、叶柄和茎秆输导组织变褐(图 33-42)，变脆易折，植物矮化(严重者生长点坏死)，玉米叶片出现黄绿相间条纹(图 33-43)。残留及施用时期不当、低洼冷凉、低温多雨易造成药害。

二维码 33-8

图 33-40、图 33-41 彩图

图 33-42　大豆叶脉变褐，顶芽褐枯

图 33-43　玉米受害幼苗

(10)有机磷类除草剂

植物受害表现为生长停滞，有的叶色变深，叶片变形，有的茎叶失绿变黄，受害严重时植株枯萎。莎稗磷毒土法施用，水稻叶片叶色变浓，心叶缩短、变宽，叶鞘收缩而无长短层次，使叶片上下紧聚，植株显著萎缩，根系变短弯曲，分蘖畸形，根系横伸，植物滞长或枯死。此类药害多为使用方法不当造成，如莎稗磷苗前或移栽前 3 d 使用造成药害。有机磷类除草剂对植物造成的药害如图 33-44 至图 33-68 所示。

二维码 33-9

图 33-42、图 33-43 彩图

图 33-44　水稻心叶缩短、变宽，根系横向生长

图 33-45　水稻受害植株(右)与正常植株(左)对比

图 33-46　高粱受害茎叶

图 33-47　苹果叶片草铵膦药害(1)

图 33-48　苹果叶片草铵膦药害(2)

图 33-49　苹果叶片草铵膦药害(3)

图 33-50　苹果叶片草铵膦药害(4)

图 33-51　苹果幼果草铵膦药害(1)

图 33-52　苹果幼果草铵膦药害(2)

图 33-53　苹果幼果草铵膦药害(3)

图 33-54　苹果幼果草铵膦药害(4)

图 33-55　苹果幼果草铵膦药害(5)

图 33-56　苹果幼果草铵膦药害(6)

图 33-57　樱桃叶片草铵膦药害(1)

图 33-58　樱桃叶片草铵膦药害(2)

图 33-59　樱桃叶片草铵膦药害(3)

图 33-60　樱桃果实草铵膦药害

图 33-61　梨叶片草铵膦药害(1)

图 33-62　梨叶片草铵膦药害(2)

图 33-63　梨幼果草铵膦药害(1)

图 33-64　梨幼果草铵膦药害(2)

图 33-65 梨幼果草铵膦药害(3)

图 33-66 葡萄草铵膦药害

图 33-67 葡萄叶片草铵膦药害(1)

图 33-68 葡萄叶片草铵膦药害(2)

(11)其他类除草剂药害

其他除草剂因品种、剂型的不同对不同农作物产生的药害也不同(图 33-69 至图 33-109)。

二维码 33-10

图 33-44 至图 33-68 彩图

图 33-69 大豆灭草松药害

图 33-70 硝磺草酮药害

图 33-71　前茬氟啶草酮对玉米药害(1)

图 33-72　前茬氟啶草酮对玉米药害(2)

图 33-73　前茬氟啶草酮对玉米药害(3)

图 33-74　前茬氟啶草酮对玉米药害(4)

图 33-75　液氮药害(1)

图 33-76　液氮药害(2)

图 33-77　液氮药害(3)

图 33-78　异噁草松油菜田药害(1)

图 33-79　异噁草松油菜田药害(2)

图 33-80　小麦唑草酮药害(1)

图 33-81　小麦唑草酮药害(2)

图 33-82　丙炔氟草醚过量药害

图 33-83　莱州市小麦除草剂药害(1)

图 33-84　莱州市小麦除草剂药害(2)

图 33-85　莱州市小麦除草剂药害(3)

图 33-86　海阳市小麦除草剂药害(1)

图 33-87　海阳市小麦除草剂药害(2)

图 33-88　海阳市小麦除草剂药害(3)

图 33-89　海阳市小麦除草剂药害(4)

图 33-90 龙口市小麦除草剂药害

图 33-91 龙口市除草剂重喷药害

图 33-92 龙口市除草剂漂移药害

图 33-93 除草剂药害畸形穗(1)

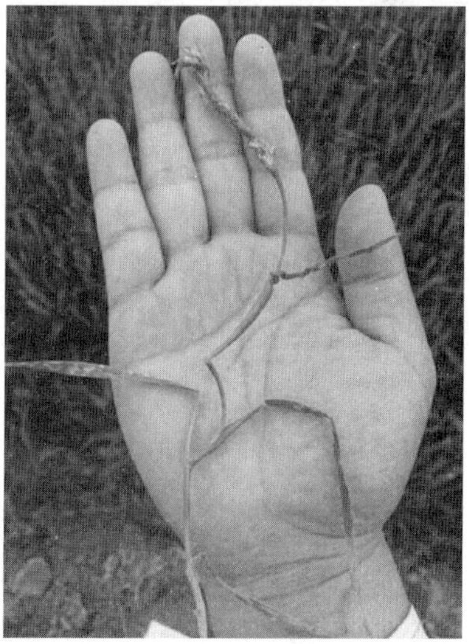
图 33-94 除草剂药害畸形穗(2)

图 33-95 蓬莱区玉米除草剂药害(1)

图 33-96 蓬莱区玉米除草剂药害(2)

图 33-97 蓬莱区玉米除草剂药害(3)

图 33-98 莱州市玉米除草剂药害(1)

图 33-99 莱州市玉米除草剂药害(2)

图 33-100 莱州市玉米除草剂药害(3)

图 33-101　复合种植田大豆受玉米除草剂漂移药害

图 33-102　玉米大豆带状复合种植药害

图 33-103　龙口市花生除草剂药害(1)

图 33-104　龙口市花生除草剂药害(2)

图 33-105　龙口市花生除草剂药害(3)

图 33-106　龙口市花生除草剂药害(4)

图 33-107　苹果花期麦田除草剂漂移药害(1)

图 33-108　苹果花期麦田除草剂漂移药害(2)

图 33-109　苹果花期麦田除草剂漂移药害(3)

二维码 33-11　图 33-69 至图 33-109 彩图

3. 药害的预防

(1)药害的预防

在大面积施用某种除草剂前,一定要先试验,即使该药在其他地方已大面积应用,也要遵循这一原则。因为除草剂的药效和安全性受多种因素影响,在某地施用安全,但在另一地就不见得安全。

选用质量可靠的除草剂,适时、适量、均匀施用。施药后,彻底清洗施药器具。长残效除草剂应尽量在作物前期施用,严格控制用药量,并合理安排后茬。

在异常气候下不要施用除草剂。若在早春作物地施用除草剂,施药前一定要注意天气变化,在寒潮前不要施药。

邻近有敏感的作物,不要施用易挥发或活性高的除草剂,以免产生漂移药害。

合理混用除草剂是防止药害的有效方法。另外,对那些不太安全的除草剂,应加上安全保护剂后再使用。此外，施药人员应受过专业培训。

(2)药害的补救措施

使用安全保护剂，如 25788 可以防止和解除酰胺类除草剂的药害。土壤处理剂的药害可通过翻耕、泡田和反复冲洗土壤等方式，尽量减少残留。酰胺类除草剂的药害可喷施芸苔素内酯缓解。

当然，有些除草剂的药害是可以恢复的，如野燕枯喷药后，小麦叶片短时期变黄；草甘膦作为定向喷雾剂用于棉田，施用后短时间内也会造成棉苗叶子发黄，这都是属于可恢复的药害症状，不影响作物的产量和品质。

四、杂草的抗药性

(一)杂草抗药性的定义及其状况

早在 20 世纪 50 年代就发现杂草对除草剂 2,4-D 产生抗药性，但当时未受到重视。直到 1970 年抗三氮苯类除草剂的报告发表后，杂草抗药性才受到重视。

1. 杂草抗药性和耐药性的定义

(1)抗药性

杂草的抗药性是指由于长期、大量使用除草剂的选择压力或人为的诱导、遗传操作，一种植物生物型在对野生型致死剂量处理下，能存活并繁殖的可遗传能力。

(2)耐药性

杂草耐药性是指一种植物天然耐受除草剂处理的可遗传能力，在没有选择或遗传操作的条件下，除草剂处理后能存活、繁殖。

(3)交叉抗药性

交叉抗药性是指在一种除草剂选择下，一种植物生物型对该种除草剂产生抗药性后，对其他除草剂也产生抗药性，如在使用除草剂 A 后，某种植物的生物型对该药产生了抗药性，对未使用过的除草剂 B 也产生了抗药性。交叉抗性可在同类除草剂的不同品种间发生，也可在不同类型除草剂间发生。

(4)复合抗药性

复合抗药性是指在多种除草剂选择下，一种植物生物型对两种或两种以上的除草剂产生抗药性，如在使用除草剂 A 后，某种植物的生物型对该药产生了抗药性。使用除草剂 B 后，该生物型又对除草剂 B 产生了抗药性。

2. 杂草抗药性的状况

到目前为止，已有大量的杂草对除草剂产生抗药性。近年来，我国也陆续报道了抗草甘膦杂草小飞蓬和野芥菜、抗芳氧苯氧基丙酸类除草剂杂草日本看麦娘、抗磺酰脲类苯磺隆的播娘蒿和抗二氯喹啉酸的稗草等。

(二)抗性杂草产生的原因及条件

1. 抗药性杂草产生的条件

抗药性杂草产生有两个主要条件:一是杂草种群内存在遗传差异;二是存在除草剂的选择压力。杂草种群内遗传差异可以是本身就存在的,也可以是由于突变产生的,选择压力的强度决定于除草剂的使用量、使用频度和有效期。连续使用某种除草剂,形成的选择压力大,易使杂草产生抗药性。此外,除草剂的单一靶标位置和特殊的作用方式,使用除草活性强且具有长效期的除草剂以及单一作物栽培模式等均是导致抗药性杂草形成的条件。

一般认为,在杂草种群中,存在抗性个体。在没有除草剂选择压力的条件下,由于抗性个体的竞争性比敏感型个体差,不能发展成一个抗性群体。在除草剂选择压力存在的条件下,敏感个体被杀死,抗性个体逐渐增多,通过多年的选择,形成抗药性种群。

2. 抗药性杂草形成的速度

在长期、大量、单一除草剂的使用情况下,杂草产生抗药性是必然的,但抗药性形成速度则受到许多因素影响。

(1)抗性突变的起始频率

杂草种群中抗性基因型的最初突变频率因植物种类及抗性基因类型而异。乙酰乳酸合成酶抗性型的最初突变频率要显著高于均三氮苯靶标抗性基因型的频率,因此,抗磺酰脲类种群在3～4年就可能发生,而抗均三氮苯杂草种群出现需持续应用10年以上。

(2)除草剂的选择压力

除草剂的选择压力是指一种除草剂杀死敏感的野生型而遗留抗性个体的相对能力。除草剂的选择压力与杂草的抗药性发展速度呈正相关。它是控制杂草抗药性演化速度最重要的因素。除草剂的残效期长短、使用频率、剂量与杀草速度以及效果均能影响选择压力的大小。

(3)杂草种子库寿命

杂草在种子库中的寿命越长,在除草剂使用前的敏感杂草种子存留越多,其缓冲作用越大,会减缓杂草抗药性的发展速度。在少耕、免耕条件下,许多杂草种子留在土表,不能进入土壤种子库,种子平均寿命只有1年,抗性发展快。

(4)杂草繁殖能力

抗性与敏感个体的相对繁殖能力差异决定抗性与敏感性杂草在自然选择下的行为,是控制杂草抗药性演化速度的一个主要调节因子,如在轮作年份,对均三氮苯具抗性的个体繁殖能力为敏感个体的10%～50%,因而较易防除。但对乙酰乳酸合成酶抑制剂产生抗性的个体繁殖能力为敏感个体的90%,仅靠停用药物来延缓抗性是无效的,而要靠降低选择压力。

3. 抗药性杂草的作用机理

杂草抗药性的形成受多方面因素的影响,它的抗药性机理也是复杂、多样的。不同类型除草剂具有不同的作用机理,不同类型的杂草也具有不同的抗药性机理。目前已研究和阐明的抗药性杂草形成的机理主要包括以下几个方面。

(1)作用靶标的改变

每种除草剂均有一定的作用靶标,它可能是单一的,也可能是多部位的。但是,这些部位均会发生自然变异,使除草剂的结合能力或抑制效应降低,活性下降,在除草剂的选择压力下,个别杂草发生的自然变异会被选择出来,出现抗药性杂草生物型。这可能是除草剂产生抗性机理中最主要的途径之一。杂草对三氮苯类及脲类除草剂抗性形成主要与编码 D1 蛋白的 *psbA* 基因发生突变有关。对磺酰脲类和咪唑啉酮类抗性主要是因为编码 ALS 酶的基因突变。在抗二硝基苯胺类除草剂的牛筋草中发现其产生抗药性的原因是细胞内产生了一种新型的β-微管蛋白,从而使微管的组装不受阻碍、正常功能不受此类药剂的影响。对草甘膦的抗性是因为编码 EPSPS 酶的 *aroA* 基因发生突变所致。

(2)代谢作用增强

除草剂活性的发挥决定于杂草体内的浓度,除草剂在植物体内的降解或解毒作用代谢加快,如水解作用、轭合作用和区隔化作用,将导致体内除草剂达不到作用的浓度,使杂草产生抗药性。对草丁膦抗性产生的原因是草丁膦乙酰转移酶活性高,催化乙酰辅酶 A 的乙酰基转移到草丁膦上,形成乙酰基草丁膦失活,如苘麻对莠去津产生的抗性是通过谷胱甘肽的共轭作用而增强解毒。

(3)对除草剂的屏蔽作用或作用位点隔离作用

这是指除草剂在被杂草吸收后转移到特定的组织或细胞部位,如液泡,而使除草剂不直接接触靶标部位。如植物对百草枯的屏蔽作用,是因为百草枯与叶绿体中一种未知的细胞组分结合或者由于在液泡中的累积,使百草枯与叶绿体中的作用位点相隔离。研究表明,在抗药性生物型中,叶绿体的功能,如 CO_2 固定和叶绿素荧光猝灭可以迅速恢复。这些均说明除草剂在其作用位点的结合可能被阻止。

此外,杂草形态学的变化,导致对除草剂吸收能力减少,以及输导转运能力的改变也是杂草抗药性产生的原因之一。

(三)抗药性杂草的治理

从上面的介绍可知抗药性杂草的形成是多因素的,作用机制也是多方面的,因此抗药性杂草的防治也应采取综合防治措施。

1. 合理使用除草剂

(1)除草剂的交替使用

使用不同类型、不同作用靶标或同一除草剂品种的不同剂型的除草剂,避免同一类型或结构相近的除草剂长期使用,可以在一定时间内延缓或控制抗药性杂草的产生。

(2)除草剂的混用

选择具有不同化学性质和不同作用机制的除草剂按一定的比例混配使用,是避免、延缓和控制产生抗药性杂草最基本的方法。混配的除草剂混合剂可明显降低抗药性杂草的发生频率,同时还能扩大杀草谱、增强药效、减少用药量、降低成本等。目前,在主要作物田使用的除草剂主导产品已是复配剂,如玉米田的乙阿合剂。

(3)在阈值水平上使用除草剂

将经济观点和生态观点结合起来,从生态经济学角度科学管理,降低除草剂用量。有意识地保留一些田间杂草和田边杂草,建立敏感杂草的生态"避难所",可以使敏感性杂草和抗药性杂草产生竞争,并通过生态适应、种子繁殖、传粉等方式形成流动,以降低杂草种群中抗药性个体的比例。

(4)除草剂、安全剂和增效剂使用

一般除草剂是通过选择性来保护作物,而安全剂的应用能使一些非选择性或选择性弱的除草剂得以使用。降低选择压力,扩大杀草谱,有助于延缓抗药性杂草种群的形成。

2. 轮作与换茬

在特定的作物和特定的种植模式下,会形成一定的顶级杂草群落。通过轮作更换作物种类、改变现行的栽培耕作制度、发展更具竞争力的种植体系可以打破杂草的生长周期,降低杂草对环境的适应性和竞争力,减少杂草的数量,减少除草剂的用量,延缓抗药性杂草的产生。

3. 防止传播与扩散

对抗药性杂草的监测和预报十分重要,一旦确证某种杂草近期产生了抗药性,应尽最大努力把它控制在原发区,防止其种子产生和传播蔓延。主要措施为:在离开该区域前必须彻底清洗所有农机具,以清除所携带的杂草种子,必须保证杂草种子不会经过青贮饲料、粪肥和作物种子传播;适时耕作,防止残存于土壤中的杂草种子通过其他途径(风、水等)向外传播。

4. 配合使用其他综合防治措施

利用尾虫、病原微生物、病毒和线虫等进行生物防除,从而降低杂草种群密度;积极发展生物除草剂,针对抗性杂草是一种十分有效的手段。利用自然界中含有杀草活性的天然化合物开发生物源除草剂,具有不易使杂草产生抗药性的优点。

继续发展新型除草剂品种。确保在杂草对已有除草剂产生抗药性的情况下,有替代品种可以使用,保障化学除草技术体系的安全。

第三部分　主要农作物田间杂草发生情况及防治技术

一、小麦田杂草发生情况及防治技术

(一)小麦田主要杂草发生情况

小麦是我国的主要粮食作物之一，其种植面积仅次于水稻，我国从南到北都有种植。根据资料显示，我国麦田杂草可分成 4 个区。

1. 亚热带冬麦草害区

该区为从北纬 23°以北的广东、广西、福建省南部到江苏省连云港、新沂，向西延伸到皖中、豫南、湖北、陕西省汉中盆地和四川省。该区以稻麦两熟为主，是我国重要的产麦区，年降水量 1 000 mm 以上，平均气温 15～22 ℃，麦田杂草多数喜温喜湿，主要麦田杂草有看麦娘、牛繁缕、猪殃殃、大马蓼、棒头草、雀舌草、碎米荠、益母草、日本看麦娘、大巢菜、婆婆纳等。该区南部沿海以麦田硬草和棒头草为害严重，北部麦田以猪殃殃和大巢菜为害严重。

2. 温暖带旱作冬麦草害区

该区可分为黄淮海和黄土高原两个亚区。

(1)黄淮海平原冬麦草害区

从北纬 34°以北至长城以南，包括河南中北部、河北、山东大部，晋中南和陕西关中。该亚区年降水量 500～700 mm，平均气温 10～14 ℃，是我国最大的产麦区。该区麦田草害比较严重，草害面积达 24%～90%，中等以上为害面积占 50%～80%，主要杂草有播娘蒿、野燕麦、猪殃殃、田旋花、小藜、萹蓄、荠菜、附地菜、小花糖芥、米瓦罐、王不留行等。该区西部从河南至陕西关中平原以野燕麦和猪殃殃为害严重，出现频率为 98%和 64%，为害率达 58%和 26%。

(2)黄土高原冬麦草害区

包括陕西和山西的北部到长城以南的高地，海拔 1 000 m 左右，年降水量 300～500 mm，该区气温较低，降水量少，土壤瘠薄，主要杂草有刺儿菜、独行菜、鹤虱、离子草等。

3. 寒带和高寒春麦草害区

该区包括黑龙江、吉林和甘肃、新疆、青海及宁夏。由于该区气温较低，杂草和麦苗多集中在春天出苗，加之人少地多，耕作粗放，因而草害严重。东北寒带麦田主要杂草有野燕麦、卷茎蓼、藜、苣荬菜、大马蓼、大刺儿菜、问荆、狗尾草、田旋花、萹蓄等。西北高寒麦田主要杂草有野燕麦、猪殃殃、田旋花、藜、香薷、卷茎蓼、野荞麦、大刺儿菜、薄蒴草等。

4. 云贵川高原麦田草害区

该区地形复杂，气温差异大，麦田杂草分布也不同。

小麦分布于不同海拔的坝地和坡地，各种类型的麦类作物均有种植，形成了不同类型的麦田杂草，位于海拔 1 000～2 000 m 高处的坝地麦田为亚热带稻麦两熟制，麦田主要杂草有看麦娘、牛繁缕、碎米荠、雀舌草、棒头草等；同样海拔高度的坡地是麦玉米轮作，主要杂草有猪殃殃、婆婆纳、佛座等。

从我国麦田最主要杂草野燕麦、猪殃殃、看麦娘、牛繁缕、播娘蒿和田旋花的分布与为害来看，野燕麦主要为害黑龙江、吉林、内蒙古、青海以及关中平原和豫西北及云贵川高海拔地区。看麦娘、牛繁缕为害中北部亚热带稻麦轮作麦田，猪殃殃、播娘蒿和田旋花主要分布为害北亚热带以北至暖温带及温带地区麦田。

山东省位于黄淮海平原冬麦草害区，麦田杂草面积较大，种类较多、密度偏高，为害较为严重，主要杂草有播娘蒿、猪殃殃、野燕麦、萹蓄、荠菜、大巢菜、牛繁缕、王不留行、藜、小藜、灰绿藜、刺儿菜、野油菜、泽漆、田旋花、酸模叶蓼、附地菜、米瓦罐、野苋菜等。烟台位于胶东半岛，小麦常年种植 200 多万亩。据调查，小麦田杂草共有 22 个科 39 种杂草，种群较大的是禾本科和菊科杂草。禾本科常见的有看麦娘、野燕麦、雀麦、节节麦、早熟禾等；菊科常见的有小飞蓬、泥胡菜、小蓟、苣荬草、苦苣菜等；其次种群较大的有十字花科 5 种，如播娘蒿、荠菜等；石竹科和蓼科各 4 种，如麦瓶草、萹蓄等；藜科、唇形科、紫草科各 3 种；旋花科、莎草科、玄参科、大戟科、豆科和木贼科各 2 种；桑科、鸭跖草科、毛莨科、茜草科、蔷薇科、千屈菜科、天南星科和夹竹桃科各 1 种。小麦田杂草优势种依次为播娘蒿、荠菜、麦家公、麦瓶草等。以播娘蒿发生危害最为严重和普遍，扁穗雀麦是新上升的麦田恶性杂草，在个别县市区发生严重。

我国麦田杂草面积大，种类多，为害严重。据统计，我国每年因杂草为害就会使农作物减产 15%以上。杂草一般具有发达的根系，匍匐地面的茎节也能生根，吸收能力强，幼苗阶段生长速度快，光合效率高，光合作用产物迅速向新叶传导分配，营养生长快速向生殖生长过渡，具有干扰作物的特殊性能，夺取水分、养分和日光的能力比作物大得多，抢占作物的生长空间。既而影响作物的光合作用，使作物生长发育不良而大幅减产。此外，杂草还是一些农作物病虫害的中间寄主和传播媒介，加剧了作物病虫害的发生和蔓延，如禾本科的野燕麦、看麦娘、马唐和石竹科的繁缕都是麦长管蚜和二叉蚜的寄主，由蚜虫作为传毒媒介把小麦黄矮病毒传播到小麦上引起发病。毒麦混入小麦后，磨成的面粉对人有毒害作用，人若吃了含 4%毒麦的面粉会引起头晕、昏迷、恶心、呕吐、腹泻、痉挛等症状，严重时可引起死亡。家畜食用了含有一定量毒麦的饲料时，同样会引起中毒或死亡。若麦田内猪殃殃、播娘蒿、刺儿菜丛生，易使作物倒伏，使收割机无法收割。

有研究表明，藜 2、3、4、5 级为害（按覆盖度分级），小麦相应减产 11.1%、17.9%、26.4%和 36.1%；打碗花每平方米有 18 株、36 株、54 株和 135 株，小麦分别减产 6.6%、13.9%、16.6%和 22.5%，播娘蒿每平方米有 9 株、18 株、27 株和 36 株，小麦分别减产 10.6%、16.5%、22.3%和 28%。葎草、藜、萹蓄、打碗花、播娘蒿和荠菜等混合发生时，若 2、3、4、5 级为害，小麦相应减产 2.8%，6.1%～15.9%，22.6%～34.9%，40.3%～41.0%。烟台市麦田杂草一般中等程度发生，年平均发生面积 110 万亩左右，防治面积为 80 万亩以上，挽回损失 23 000 t 以上，实际损失约 3 700 t。

(二)小麦田主要杂草综合防治

农田杂草防治是植保工作的重要组成部分，按照"综合防控、治早治小、减量增效"的原则，认真执行"预防为主，综合防治"的植保方针，以作物增产增收和除草剂减量控害为目标，通过发动农户采取人工拔除、化学除草等各种安全有效防除措施，减轻杂草对小麦的危害，把损失降到最低，为保障粮食安全奠定基础。

长期以来，人类与杂草进行着不懈的斗争。我国农民在生产实践中积累了丰富的防除杂草经验，如水旱轮作，精选种子，堆沤有机肥料，旱灌泡田诱发杂草配合耕翻灭草，中耕挠秧，人工拔除，利用水层控制杂草等。经历了以人力或畜力，机械或化学除草。其中化学除草是卓有成效的除草方法。目前化学除草已成为一种现代化农业技术，减轻了繁重的体力劳动，节省用工、肥料，提高劳动生产率，而且简便及时，增加产量和降低成本，并能与农业机械化的大生产相配合，为实现农业机械化提供有利条件。但化学除草也有不少弊病，如毒性问题、药害问题等。因此从农业生产的整体出发，以生态或农业防除为主，结合化学除草，综合运用各项农业措施和有效的防除方法，把杂草消灭在生长前期，使杂草不能为害作物，以达到高效、安全而又合乎经济的要求。农田杂草的综合治理一般内容有：农业防治、植物检疫、宽幅精播及中耕除草、生物防治、化学防治等。

1. 农业防治

(1)精选良种

精选良种是提高播种质量、增产增收的一项措施，也是减少杂草传播和为害作物的一项措施。通过精选麦种，可以减少野燕麦、毒麦等依靠麦种夹带作远距离传播的杂草或其他检疫杂草种子侵染和杜绝远距离传播、扩散。此外还可以清除一些病粒、虫瘿和瘪粒，有利于提高麦种纯净度和品质，提高麦苗的品质、群体的优势与竞争能力。

(2)深翻耕作

深耕可防除一年生杂草和多年生杂草。在草荒严重的农田和荒地，通过深耕可以改变杂草的生长环境，把表层杂草种子埋入深层土壤中，破坏杂草萌发出土的条件，减少一年生和越年生杂草的数量，同时把大量的根状块茎杂草翻到地面，破坏了根状块茎，使根状块茎繁殖减少。在农田发生的播娘蒿、米瓦罐、王不留行、马齿苋、蒺藜、苋菜、灰灰菜、马唐、狗尾草、千金子等，在 0～3 cm 土层中，只要温度、湿度合适，就可出土为害，一旦埋在土壤深层，出苗率降低，就很难形成危害。刺儿菜、芦苇、白茅、打碗花、莎草、酸模、地黄等，通过深翻，破坏根状块茎，有的被翻到地表面，经过风刮日晒，失去水分严重干枯，再加上耙耱、人工抢捡等可使杂草大量减少。残留的种子即使出土也生长不良，生长优势明显低于小麦，小麦具备较强的竞争能力，可以不受杂草的危害。

(3)高温堆肥

高温堆肥是消灭有机质肥料中草籽的重要手段。有机质肥料是农村用作农业生产的主要肥源，也是杂草传播蔓延的根源。由于积肥时原料来源复杂，不但有秸秆、落叶、绿肥、垃圾等，而且许多地方使用田间或其他地方清除的杂草积肥，其中含有大量的杂草种子，不经高温堆肥施入田间，会把大量的草籽带入了田间，增加了田间杂草种子来源以及杂草的数量，所以大量施入未腐熟而含有杂草种子的肥料是导致农田杂草严重发生的原因之一。农家肥经过堆沤发酵，达到一定的温度，可使大部分杂草种子丧失发芽能力，并能杀死病菌和虫卵，减少田间杂草发生数量和对作物的为害。

(4)迟播诱发

迟播诱发是利用作物的生物学特性和杂草的生长特点，有组织、有计划地推迟作物的播种，使杂草提前出土，防除杂草后再进行播种的方法。利用小麦有强春性的特点，推迟播种时间，诱发野燕麦、荠菜、猪殃殃、播娘蒿、王不留行、米瓦罐、大巢菜、打碗花、麦家公等大量出土，然后用拖拉机带动圆盘耙或钉齿耙浅耕浅耙，及时把出苗的杂草除掉，减少麦田杂草的发生密度。在晒垡地也采用这一方法，提前将地整好，给野燕麦和其他杂草提供良好的生长环境，诱发提前出土，然后用机械浅耕耙耱、播种，可有效地消灭杂草。

2. 植物检疫

植物检疫是防止杂草传播蔓延的有效方法。检疫性杂草对作物为害极大，可造成作物生长发育不良、降低农作物的产量和品质，甚至绝收，并留下严重后患，如毒麦是检疫性对象，人们误食后会造成中毒，影响人们的身体健康，甚至有生命危险。

现在许多检疫性杂草的传播蔓延是在频繁调种过程中，把检疫性杂草传出和传入的。如野燕麦是检疫对象，种子长途调运，野燕麦麦种就远距离传播，为害面积越来越大，小麦受害越来越严重，致使野燕麦近年来扩展蔓延很快，每年都造成较大经济损失。野燕麦种子与小麦、大麦、青稞种子严重混杂，是野燕麦猖獗的主要原因。目前我国麦田杂草主要是普通野燕麦和南方野燕麦，给小麦生产带来极大危害。因此必须加强检疫制度，遵守有关检疫的规章制度，严防引种时传入杂草。

作为种子调运的制种田，应该做到产地检疫和各个环节的检疫，不但要做到种子生产专业化、加工机械化、质量标准化、品种合格化，还必须做到种子经营专业化，没有经营许可证的单位和个人不得经营种子，不经过检疫部门检疫的种子不得随便出售，以防恶性杂草及病虫害的传播蔓延。

3. 宽幅精播及中耕除草

宽幅精播是近来积极推广的小麦高产栽培技术之一。撒播麦田草害严重，人工优势难以发挥。如看麦娘在一些地区为害严重，使小麦减产达60%以上，而至今尚无特效除草剂，如采用宽幅精播，进行人工中耕除草，是行之有效的杂草防除方法。宽幅精播麦田能够协调麦苗个体与群体之间的矛盾，改善通风透光的条件，使每行麦苗都能发挥“边行”的优势，生长比较平衡，并有利于中耕除草，避免草害，促进麦苗的健壮生长。在作物生长的整个过程中，可根据需要进行多次中耕除草，除草时要抓住有利时机除早、除小、除彻底，不得漏锄。若留下小草，会引起后患。

4. 生物防治

利用生物防除农田杂草是除草的一项好办法。为了防止除草剂的污染，自20世纪70年代以来，生物防除农田杂草不断发展，有的已被群众利用，有的正处在研究阶段。生物防除杂草的主要内容有：利用真菌、细菌、病毒、昆虫、动物、线虫类除草，以及以草克草和异株作用等生物防除杂草。国内已发现尖翅小卷蛾是香附子的天敌，斑水螟能取食眼子菜，盾负泥虫专食鸭跖草等，这些都是生物防除杂草的方法。

5. 化学防治

（1）北方旱田野燕麦和阔叶杂草混生麦田杂草防治

在我国西北、华北等地区，麦田野燕麦等禾本科杂草发生较重，对于以野燕麦和阔叶杂草混生的麦田，应抓好小麦播后芽前防治的关键时期。

①在小麦播后芽前，对于以野燕麦为主的麦田，可以用下列除草剂：40%野麦畏乳油150～200 mL/亩(施药后立即浅混)；50%异丙隆可湿性粉剂 150～175 g/亩；50%乙草胺乳油50～75 mL/亩 ＋50%异丙隆可湿性粉剂 120～150 g/亩。选择以上任一配方兑水 40 kg，均匀喷施。野麦畏、乙草胺对小麦安全性差，施药时药量过大或施药期间低温高湿均会加重药害。

②在小麦冬前期或小麦返青期，对于野燕麦为主的地块，在野燕麦 3～4 片叶到分蘖期，可以用下列除草剂：50% 异丙隆可湿性粉剂 125～175 g/亩；6.9%精噁唑禾草灵水乳剂 75～100 mL/亩；10%精噁唑禾草灵乳油 75～100 mL/亩；15%炔草酯可湿性粉剂 15～20 g/亩；3%甲基二磺隆油悬剂 25～30 mL/亩＋助剂；5%唑啉・炔草酯乳油 60～100 mL/亩。选择以上任一配方兑水 25～30 kg，茎叶喷雾处理，可以达到较好的除草效果，但施药过晚药效下降。

（2）麦家公、婆婆纳等阔叶杂草混生麦田杂草的防治

小麦冬前期，华北麦区 10 月下旬到 11 月上中旬，对于适期播种的小麦，麦家公、婆婆纳、播娘蒿、荠菜、猪殃殃、米瓦罐等阔叶杂草大量出苗，且杂草较大较多时，应及时进行防治。选择气温较高且较稳定、5～7 d 内无寒流时施药效果较好，可以用下列除草剂：10% 苯磺隆可湿性粉剂 15～20 g/亩；10% 苄嘧磺隆可湿性粉剂 30～40 g/亩；10%苯磺隆可湿性粉剂 15～20 g/亩＋40%草酮干悬浮剂 2～4 g/亩；15%噻磺隆可湿性粉剂 15～20 g/亩＋40% 唑草酮干悬浮剂 2～4 g/亩；10%苄嘧磺隆可湿性粉剂 20～30 g/亩＋40%唑草酮干悬浮剂 2～4 g/亩；10%苯磺隆可湿性粉剂 15～20 g/亩＋10%乙羧氟草醚乳油 10～15 mL/亩；15%噻磺隆可湿性粉剂 15～20 g/亩 ＋10% 乙羧氟草醚乳油 10～15 mL/亩；10%苄嘧磺隆可湿性粉剂 20～30 g/亩＋10%乙羧氟草醚乳油 10～15 mL/亩。选择以上任一配方兑水 30～45 kg，均匀喷施，可以有效防治杂草，基本上可以控制小麦整个生育期的杂草为害。

该期施药应注意墒情、杂草大小和施药时间，适当调整药剂种类和剂量；该期不能施药过晚，在气温低于 8 ℃时，除草效果降低，对小麦的安全性较差或出现药害现象。

（3）北方麦田藜等杂草防治

在华北北部冬小麦产区，麦田杂草种类较多。河北北部麦田在小麦返青拔节后，田间开始发生藜、小藜、播娘蒿、荠菜、泽漆、狼紫草、米瓦罐等；往往在小麦返青后快速生长。必须针对不同地块的草情选择适宜的除草剂种类及时防治。

①在小麦返青期，藜、播娘蒿、荠菜、泽漆大量发生。根据区域温度回升和冬小麦长势，在天气晴朗、气温高于 10 ℃，且天气预报未来几天天气较好的情况下，一般可以用下列除草剂：10%苯磺隆可湿性粉剂 15～20 g/亩＋20%氯氟吡氧乙酸乳油 50 mL/亩；10%苯磺隆可湿性粉剂

15～20 g/亩＋20％二甲四氯水剂 150～200 mL/亩；15％噻磺隆可湿性粉剂 15～20 g/亩＋20％氯氟吡氧乙酸乳油 30～50 mL/亩。选择以上任一配方兑水 30 kg，均匀喷施，一定要注意天气和小麦生育时期。注意不要施药太早，温度较低（低于 10 ℃）、泽漆未返青时药效不好，小麦易发生药害；也不要施药过晚，在杂草过大、小麦拔节后施药，药效下降，对小麦的安全性不好，易发生严重的药害。

②在小麦拔节抽穗后，麦田藜大量发生，影响小麦的生长，该期施药效果下降，应尽早施用除草剂，可用 20％ 氯氟吡氧乙酸乳油 50～75 mL/亩，兑水 30 kg，均匀喷施，压低喷头喷到麦行间下部杂草上，注意不能喷到上部小麦嫩穗上。该期施药对小麦有一定的药害，建议尽量采用人工锄草的方法。

(4)麦田中后期打碗花、小蓟等杂草的防治

在华北冬小麦产区，特别是中北麦区，近几年随着除草剂的推广应用，麦田杂草群落发生了较大的变化，麦田杂草主要是播娘蒿、荠菜、泽漆、婆婆纳，另外还有狼紫草、麦家公、米瓦罐等；往往在小麦返青后，田间还会发生大量的打碗花、小蓟，影响小麦的生长。必须针对不同地块的草情选择适宜的除草剂种类及时防治。

①在小麦返青期，如果打碗花、小蓟大量发生，一般在 3 月上中旬开始施药。这一时期天气多变，气温不稳定，应根据天气情况选择药剂及时施药。在天气晴朗气温高于 10 ℃，且天气预报未来几天天气较好的情况下，可以用下列除草剂：20％氯氟吡氧乙酸乳油 50 mL/亩；10％苯磺隆可湿性粉剂 15～20 g/亩＋20％氯氟吡氧乙酸乳油 30～50 mL/亩；10％苯磺隆可湿性粉剂 15～20 g/亩＋10％乙羧氟草醚乳油 10～15 mL/亩 ＋20％氯氟吡氧乙酸乳油 30～50 mL/亩；20％二甲四氯水剂 150～200 mL/亩。选择以上任一配方兑水 30 kg，均匀喷施，一定要注意天气和小麦生育时期。

注意不要施药太早，温度较低（低于 10 ℃）、麦和杂草浓绿，泽漆未返青时药效不好，小麦易发生药害；也不要施药过晚，杂草过大、小麦拔节后施药，药效下降，对小麦安全性不好，易产生严重的药害。

②在小麦拔节抽穗后，麦田打碗花、小蓟、藜大量发生，影响小麦的生长。该期施药效果下降，对小麦安全性差，应尽早施用除草剂，可以用 20％ 氯氟吡氧乙酸乳油 50～75 mL/亩，兑水 30 kg，均匀喷施，压低喷头喷到麦行间下部杂草上，注意不能喷到上部小麦嫩穗上。该期施药对小麦有一定的药害，建议尽量采用人工锄草的方法。

(5)北方麦田节节麦和雀麦的防治

在小麦冬前期或小麦返青期，对于节节麦、雀麦发生较重的地块，在节节麦、雀麦 3～4 片叶到分蘖期，可以用 3％甲基二磺隆油悬剂 25～30 mL/亩＋助剂，或 70％氟唑磺隆水分散粒剂 4～5 g/亩＋助剂 10 g/亩，兑水 25～30 kg，叶面喷雾处理，可以达到较好的除草效果，但施药过晚药效下降。甲基二磺隆对小麦安全性较差，施药过晚、施药不匀、施药量过大易发生药害。

(6)化学防除注意事项

①严格控制用药量。除草剂的使用剂量一般以本地试验成功的经验用量为基准，不可随意增减，否则会降低防除效果。如果田间杂草的发生量大，或喷药期气温低，可根据实际情况，适当增加用药量，加强除草剂的作用能力，保证防除效果。如果田间杂草发生量小，或喷药期

气温高，应酌情减少用药量，既能避免药害，又能节约生产成本，提高经济效益。

②选择最佳时期用药。麦田春季化学除草的喷药适期，一般在 3 月中、下旬。但具体的喷药时间应灵活掌握。麦苗处于分蘖至圆秆拔节期比分蘖前抗逆性增强，喷药比较安全。杂草处于幼嫩分枝旺长期以前抗逆性弱，易被防除。光照强、气温高可提高除草剂的除草活性，加强其作用能力，易达到较高的防除效果。所以麦田春季除草要根据作物、杂草、气候等因素，即针对作物敏感生育阶段，避开作物敏感生育期，选择光照强、气温高、天晴露干的时间用药，提高除草保苗的效果。

小麦除草剂的使用还要注意施药时的温度，只有在一定的温度条件下，小麦除草剂才能有效地被杂草吸收而产生作用，达到除草效果。一般要求气温在 15 ℃以上，如气温低于 10 ℃，一是除草效果差，二是易产生药害。

③药剂混用减缓抗性。同种除草剂连续使用多年，易导致敏感性杂草逐渐减少，抗耐药性杂草上升，而除草剂混用可能减缓抗性产生。除草剂的混用应注意的主要问题是混用后的几种除草剂不应有拮抗作用，如果有拮抗作用而降低药效或产生药害，最好不要混用。如精噁唑禾草灵不可以和 2 甲 4 氯、百草敌等混用，若在施药田块需防除阔叶杂草，应与这些除草剂间隔 7 d 应用。如果除草剂混用有显著增效作用的应适当降低用药量，如苯磺隆和快灭灵，2 甲 4 氯和使它隆混用防除阔叶杂草。

④除草剂的配制和施药技术。正确的配制方法是二次稀释法：先将药剂加少量水配成母液，再倒入盛有一定量水的喷雾器内，再加入需加的水量，边加边搅拌，调匀稀释至需要浓度。切忌先倒入药剂后加水，这样做药剂容易在喷雾器的吸水管处沉积，使先喷出的药液浓度高，容易产生药害，后喷出的药液浓度低，除草效果差。也不可将药剂一下倒入盛有大量水的喷雾器内，这样可湿性粉剂往往漂浮在水表或结成小块，分布不均匀，不但不能保证效果而且喷雾时易阻塞喷孔。另外，药液要用清洁的水配制。

⑤注意长残效除草剂对后茬作物的伤害。近年来，由于麦田除草剂的残留毒害而造成后茬敏感作物受害的现象时有发生，涉及玉米、大豆、花生等多种作物。目前麦田使用的长残留除草剂主要有甲磺隆、绿磺隆、噻磺隆、苯磺隆、苄嘧磺隆、唑嘧磺草胺等，在使用中应特别关注它们在土壤中的残留动态及对后茬作物的安全性问题。

(7)除草剂药害解决办法

在除草剂大面积使用中，作物产生药害的原因是多种多样的，有些除草剂易对作物造成触杀型或抑制型药害，或是遇到暂时的不良环境条件对作物发生短期药害，这些药害通过加强田间管理短时间可以恢复；部分除草剂品种对作物造成的药害发展缓慢，前期症状只有专业人员才能观察到，明显症状到作物成熟时才表现出来，而且药害带来的损失多是毁灭性的；部分除草剂作用迅速，误用了这些除草剂后作物短时间内即死亡，生产中根本没有时间来抢救。

那么作物出现了药害怎么办呢？处理药害的原则是：首先要分辨药害的类型，分析产生药害的原因，估测药害的严重程度，采取相应对策。如果作物所受药害较轻，仅仅叶片产生暂时性、接触型药害斑，一般不必采取措施，作物很快就可恢复正常生育；如果作物受药害较重，叶片出现褪绿、皱缩、畸形，生长受到较明显抑制，就要采取一些补救措施；对于药害十分严重，生长持续严重受到抑制或生长点死亡甚至部分植株死亡，估计最终产量损失 60% 以上，甚至绝产的地块，则应考虑补种、补栽或毁种，以免延误农时，导致更大的损失。在补种时，不要盲目地施用补救剂，应在技术部门指导下，选用适宜的药剂，进行解毒、补偿生长。毁田补种时，应在技术部门指导下，补种对除草剂耐性强、生育期适宜的作物，避免发生第二次药害。对于药害较轻的地块，可采取以下几种措施补救。

①除草剂解毒剂的应用。除草剂的解毒剂，可以减轻或抵消除草剂对作物的毒害。如萘酐、R-28725 是选择性拌种保护剂，能被种子吸收，并在根和叶内抑制除草剂对作物的伤害，此类药物可使玉米免受乙草胺、丁草胺、异丙甲草胺等除草剂的伤害。

②喷水淋洗。第一，除草剂使用量过大时，应在药害刚产生或将发生时尽快采取措施排毒。可结合灌、排水在田中施入石灰粉(20～30 kg/亩)，可中和酸性除草剂，并连续用清水冲灌。土壤处理剂药害，原则上不采用漫灌水，茎叶处理剂药害，可适当灌溉。第二，若是由叶面和植株喷洒某种除草剂而发生的药害，可以迅速用大量清水喷洒受药害的作物叶面，反复喷洒清水 2～3 次，尽量把植株表面的药物刷掉，以消减毒物量。并增施磷钾肥，中耕松土，促进根系发育，以增强作物恢复能力。同时由于大量使用清水淋洗，使作物吸收较多水，增加了作物细胞中的水分，对作物体内的药剂浓度能起到一定的稀释作用，也能在一定程度上起到减轻药害的作用。

③施用速效、优质叶面肥或植物生长调节剂。在发生药害的农作物上，可迅速施尿素或喷施叶面肥等速效肥料增加养分，促进作物生长，提高作物植株抗逆性，增强自身恢复药害的能力；喷施植物生长调节剂，如赤霉素、芸苔素内酯、复硝酚钠等。植物生长调节剂对促进作物生长发育有很好的刺激作用。

④合理使用安全保护剂活炭等对西玛津等除草剂有明显的降解作用。农作物播种时，土壤表层撒活性炭粉 10 kg/亩；或将活性炭粉局部或在播种沟中撒施，可防止西玛津对小麦、黄瓜、大豆等产生药害。

⑤加强田间管理。促苗早发快长，增强作物抗性。触杀型除草剂所引起的药害，在为害较轻时，一般均能自行恢复。可加强田间管理，增施腐熟人畜粪尿、碳铵、硝铵、尿素等速效肥料，促进根系发育和再生，恢复受害作物的生理机能，促进作物健康生长，减轻除草剂药害对农作物的为害；加强中耕松土，破除土壤板结，增强土壤的透气性，提高地温，促进有益微生物活动，加快土壤养分的分解，增强根系对养分和水分的吸收能力，使植株尽快恢复生长发育。

二、玉米田杂草发生情况及防治技术

(一)玉米田主要杂草发生情况

玉米田杂草发生普遍，种类繁多。根据全国杂草普查结果，全国玉米田杂草有 22 科、38 属、100 多种，如马唐、牛筋草、千金子、狗尾草、画眉草、野燕麦等；玉米苗期受草害最为严重，在玉米生长中后期，杂草对产量影响不大。苗期玉米受杂草为害时，植株矮小，秆细叶黄，易导致中后期玉米生长不良、严重减产。

玉米栽培广泛、依据自然条件和耕作方式，玉米田杂草可以分为 6 个草害区。

1. 北方春播玉米田草害区

包括黑龙江、吉林、辽宁、河北和山西的北部，一年一熟，多以玉米、小麦、大豆、高粱轮作。主要杂草种类有马唐、稗草、龙葵、狗尾草、苍耳等。草害面积占玉米播种面积的 100%，严重草害面积占 90%，玉米整个生育期都受到杂草的为害，生产中必须进行杂草防治。

2. 黄淮海夏播玉米田草害区

包括河北中南部、山西南部、陕西关中、山东、河南、安徽、江苏北部。以上地区属暖温带，一年二熟，多为玉米、小麦轮作，也有玉米与大豆、花生套作。主要杂草种类有马唐、狗尾草、牛筋草、藜、马齿苋、田旋花等。该区玉米田草害面积为 82%～96%，其中中等以上为害面积达 64%～66%。近年来，随着玉米田酰胺类、三氮苯类除草剂及复配剂的广泛使用，香附子、田旋花等逐渐上升为优势杂草。

3. 长江流域玉米田草害区

包括江苏南通、上海、浙江北部。该区一年二熟或三熟，一般玉米与麦套种，玉米和水稻轮作。玉米收获后种植水稻，主要杂草有马唐、牛筋草、千金子、马齿苋、稗草、空心莲子草等。该区杂草面积达 66%～98%，中等以上为害达 43%～72%。

4. 华南玉米田草害区

包括广东、广西、福建等丘陵地区。可以春秋二季。主要杂草有马唐、牛筋草、稗草、香附子、绿狗尾、碎米莎草等。

5. 云贵川玉米田草害区

大多数位于高海拔地区的山坡和坡地上，一年二熟或二年三熟。主要杂草有马唐、辣子草、毛臂形草、绿狗尾、荠菜等。

6. 西北玉米田草害区

包括甘肃的河西走廊以及新疆部分地区，一年一熟。主要杂草有藜、稗、田旋花、灰绿藜等。

胶东地区玉米根据播期分为春玉米和夏玉米，其杂草发生特点有明显的差异。春播玉米播种时气温较低，一般日均气温在 10～12 ℃，玉米前期生长缓慢，田间空隙大，极其有利于杂草的发生；春玉米田杂草发生期长，自玉米播种后杂草就开始疯狂生长，杂草和玉米几乎同步生长，随着气温上升，杂草发生进入高峰；一般发生期长、发生不整齐。夏玉米播期一般在 6 月中下旬，温度较高，玉米与杂草生长较快，在墒情较好时，杂草的发生与多种因素有关，如遇灌溉或降水，可加快杂草的生长，凡连续降雨量大于 10 mm，3 d 后田间就可以出现一次出草小高峰，易形成草荒，而干旱时出苗不齐。

玉米苗期受杂草的为害最严重，中后期玉米形成高大密集的群体，杂草的发生与生长受到抑制，对产量影响不大；因此玉米田杂草防治应抓好播后苗前和苗后早期两个关键时期，及时进行防治。

(二)玉米田主要杂草综合防治

1. 防治方法

(1)物理防治

人工拔草、除草、用犁或农机翻耕等手段控制杂草的为害。

(2)生物防治

利用动物、植物、微生物、病毒及其代谢物防除杂草的生物控制技术,如利用杂草致病菌或病菌毒素杀灭杂草。随着科学技术的发展,生物防除杂草是今后发展的方向。

(3)化学防治

主要有播后苗前土壤处理和选择性茎叶处理两种方式。

①苗前土壤处理。玉米播后出苗前,用异丙·莠去津、硝·精·莠去津等除草剂均匀喷施地表,土壤吸收后形成一个除草封闭层,杂草根、茎吸收后,可抑制、杀死萌发的幼芽,从而控制杂草为害。

②选择性茎叶处理。根据田间已出苗的杂草主要种类和数量,选择一种或几种除草剂进行防除。如氯吡嘧磺隆、二氯吡啶酸、2,4-滴异辛酯、麦草畏等防除阔叶杂草;异丙甲草胺、乙草胺等防除禾本科杂草。选择性茎叶处理是当前玉米田广泛应用的化学除草方法。

2. 化学除草技术

(1)播前除草

玉米播种前 2～5 d,用乙草胺、异丙甲草胺、硝·精·莠去津等均匀喷洒地面,不重喷、不漏喷,漏喷、重喷率应小于 5%,喷头距离地面应不大于 10 cm。然后进行浅旋、旋耕深度小于 8 cm。若土壤墒情差可以直接破茬播种。或在播种前进行浅松或浅旋除草。浅松、浅旋除草最好与播种连续作业,以防跑墒,深度应为 5～6 cm,地要平整,不拖堆,不出沟,同一地块的高度差不超过 3～4 cm。

(2)播后苗前除草

玉米播种后 5～7 d,在玉米和杂草还未出苗前,用乙草胺、异丙甲草胺、异丙·莠去津、乙·莠悬浮剂等进行喷洒药剂,封闭杂草的萌生。

(3)玉米田苗后早期除草

防除时期:在玉米 3～5 叶期,杂草 2～4 叶期进行。防除对象:一年生阔叶杂草和禾本科杂草。防除的技术要点:①根据杂草幼苗形态特征,搞清施药玉米田中杂草优势种群及对玉米为害的主要种类,选择相应除草剂单用或混用。②为实现一次用药达到全季控制草害的目的,可适当推迟施药期,待杂草大部分出苗后再进行防除,在雨前和过于干旱时不要施用,以保证药效的正常发挥。③以阔叶草为主的玉米田,可用氯吡嘧磺隆、二氯吡啶酸、2,4-滴异辛酯、麦草畏、噻吩磺隆等除草剂。④以禾本科杂草为主的玉米田,根据具体种类可用异丙甲草胺、乙草胺、烟嘧、莠去津等进行防除。

(4)玉米田中期除草

玉米田中期封行以前定向处理。如果因前期用药不理想或雨水过多造成新生杂草为害，仍可使用麦草畏、丁·莠·烟嘧等进行定向喷雾。这时玉米长势已较高(60～80 cm)，采用行间定向喷雾，既可保护作物，又能除掉所有杂草。

3. 玉米田化学除草注意事项

(1)使用前应详细了解玉米田杂草的类型、种类和数量，选择相应除草剂，特别是禾本科杂草一定要选择针对性强的除草剂。

(2)为提高药效、扩大杀草谱，混合使用除草剂时，必须注意各混用药剂的特性，避免造成不良化学或物理反应，降低效果或产生药害，使用前应先进行试验，确定安全和有效后，再大面积使用，且应随配随用。

(3)要考虑除草剂残留期和对其他作物的安全性，避免对下茬和套种作物造成药害。

(4)施药前要详细阅读产品使用说明和注意事项，严格按照说明操作。

(5)施药前全面检查器械，避免药械故障引起药害或降低除草效果。应选择在无风或风小的天气施用除草剂，喷雾器的喷头最好戴保护罩，避免药剂雾滴漂移，对周围敏感作物造成药害。喷洒要均匀，不能重喷或漏喷，更不能随意减少使用量。

(6)施用完除草剂后应充分冲洗喷雾器，以免再次使用时对作物造成药害或影响其他药剂的应用效果，冲洗后的残液不要随意倒在田间地头。

三、花生田杂草发生情况及防治技术

(一)花生田主要杂草发生情况

花生是主要的油料作物，在油料作物中占有很重要的地位，我国大部分地区都种植花生。据统计，全国每年种植面积约 290 万公顷，花生的种植面积占油料种植面积的 27%左右。花生田杂草种类较多，但不同地区、不同气候、不同的耕作制度、不同的栽培条件，杂草的发生规律及为害特点各有差异。杂草与花生争水分、养分、空间，易造成花生生长不良，表现为植株矮小。叶色发黄，根系不发达，幼苗萎蔫，花稀，针少，果小，仁轻，花生大量减产，是影响花生产量的主要因素之一。花生田因草害一般可减产 5%～10%，严重的减产 15%～30%，有的甚至绝收。

花生田的主要杂草有马唐、稗草、野燕麦、牛筋草、狗牙根、画眉草、白茅、千金子、龙木茅、虎尾草、香附子、碎米莎草、异型莎草、青葙、反枝苋、凹头苋、藜、灰绿藜、黄花蒿、蒲公英、苦荬菜、龙葵、曼陀罗、小旋花、问荆、地锦、铁苋、苘麻、野西瓜苗、野田瓜苗、萹蓄、蚤缀、鸭跖草、附地菜、蓓草、牵牛花、鳢肠、酸模、猪殃殃、紫花地丁、加拿大蓬、一年蓬等 100 余种，隶属 32 个科。这些杂草，有一年生杂草、越年生杂草和多年生杂草 3 种类型。一般情况下，分布普遍而又为害严重的主要杂草品种有牛筋草、马唐、旱稗、铁苋菜、反枝苋、马齿苋、藜、灰绿藜、香附子、碎米莎草等，个别地块苘麻、益母草、牵牛花等为主，形成恶性杂草群落。

由于地形、地貌、栽培条件、耕作制度的不同，花生田杂草的分布，优势种、群落也有差异。沿海与内陆相比，沿海地区马齿苋、马唐、铁苋菜、牛筋草、反枝苋、莎草、画眉草等的分布密度比内陆大；在内陆以狗尾草、稗草较多，发生数量与为害大于沿海地带。平原湖泊地比山区丘陵地杂草密度大，一些喜水性杂草数目多，山区丘陵喜水性杂草少见。春播花生与夏播花生相比，夏播花生田杂草密度大于春播花生田。前茬不同，花生田杂草的发生与分布不一样。如以小麦为茬口的花生田，马唐、苋菜、莎草、反枝苋、牛筋草等较多，而牛筋草、马齿苋比前茬为甘薯的田块密度小。不同的播种方式对花生田的杂草发生与分布也有影响，起垄播种杂草密度小，平播比起垄播种杂草密度大。在河南省一些地区，苘麻、牵牛花等发生比较严重，成为花生田的主要杂草。

花生田杂草的发生规律是在花生播种后的5—7月出土，7月下旬到8月上旬开花，8月下旬至9月成熟结实，杂草的全生育期与花生共生，形成为害，为害时期有早春、晚春及夏季、秋季。在6月下旬到7月上旬出土为害花生的杂草占杂草总量的90%以上，进入7月后，花生已覆盖地表，杂草一般很少出土。因此，选用花生田除草剂的持效期需2个月之久，才能有效地控制杂草为害。花生田的各种杂草对温度、湿度要求严，只要温度、湿度适宜，杂草便大量发生，且杂草种子发芽快，出苗率高，为害严重。早春型杂草发芽出土的最适宜温度为20～30 ℃，秋型杂草为25～35 ℃，秋冬型杂草仅15～20 ℃。土壤含水量为15%～30%时，是杂草发芽出土最适宜的含水量。

(二)花生田主要杂草综合防治

1. 物理防治

采用人工拔除，利用中耕除草机、耕翻机械等机械除去杂草；利用电力和微波除草可防除阔叶杂草，利用超声波高频辐射静电场高压电流除去杂草，而对农作物则无害。

2. 农业防治

(1)改变耕作制度

冬季将土壤深翻，杂草种子晒冻而死，可以破坏一年生、多年生杂草。利用深翻可以把杂草根铲除，如香附子、田旋花、刺儿菜等杂草。之后人工拣拾消除掉，以防一些病菌寄生成为初侵染源。第二年早春进行浅耕整地，使杂草幼苗被尽早发现并灭除。

(2)轮作

轮作倒茬，轮作换茬，可改变杂草群体，使杂草种群密度减少。

(3)田间覆盖

利用碎草、麦糠、烂树叶等适合覆盖栽培花生田地，这些覆盖物能时刻保水，适宜花生生长。

(4)覆盖地膜除草

覆盖除草地膜能够有效促进花生植株优化，花生长势好，产量高。覆盖除草地膜可以免去覆膜前的除草过程，降低种植成本，提高效率，减少污染。

(5)施用腐熟肥

施用腐熟肥可减少病菌携带，使一些杂草种子失活，防止蔓延扩大。

3. 化学防治

化学除草是目前应用较多的除草技术，效果更好，但需要注意喷施时间和药剂选择。除草剂有土壤处理剂和茎叶处理剂。分为播前土壤处理、播后苗前土壤处理、播后茎叶处理 3 种处理方式。花生田除草选择的是播后苗前处理为主，苗后茎叶处理为辅的方式。在选择药剂时要注意品种适宜，用药量对非靶标作物无害，喷洒均匀，交替使用以防出现抗药性，还要对人畜无害。花生田常用的除草剂有精喹禾灵、苯达松、恶草酮、乙羧氟草醚等。

(1)播前土壤处理

可以采用的方法有两种：混土处理和封闭处理。其中混土处理是在土壤表层。最好选用最低量且效果好的，如 33％的氟乐灵乳油 1 500～2 250 mL/hm^2、50％的乙草胺乳油 1 125～1 800 mL/hm^2 等施药后进行混土处理，对禾本科杂草和阔叶杂草有效。如果土壤特别干旱或水涝，应使用茎叶处理。

(2)播后苗前土壤处理

90％的乙草胺乳油 1 080～1 350 g/hm^2 对马唐、马齿苋、牛筋草等一年生杂草防除很有效，且对人畜安全。72％异丙甲草胺乳油 1 080～1 620 g/hm^2，对禾本科杂草、阔叶科杂草有效，施药后 15～35 d 防效明显，花生产量提高，且对花生安全。

(3)苗后茎叶处理

主要采取喷雾法，将除草剂直接喷施到杂草茎叶上消灭杂草。除草剂要有选择性。以禾本科杂草为主的，可以选用精喹禾灵、精吡氟禾草灵等在 2～4 叶期喷施；以阔叶杂草为主的，可以选用乙羧氟草醚、苯达松等在杂草株高 5～10 cm 高时进行茎叶喷雾除草。

(4)生态防治

利用杂草生物天敌，如昆虫、鱼类、病原菌等防除杂草，也可利用某些植物产生有毒分泌物质控制杂草，以草治草，利用作物竞争性治草，如向日葵能有效地抑制花生田杂草中马唐、马齿苋、曼陀罗等的生长。

综上所述，花生田杂草防治的目的是在作物生长前期就将杂草消灭，或使杂草为害降到最低，选择防治措施，创造不利于杂草发生的环境，使杂草失去竞争优势。化学除草是主要措施，大面积推广的同时要注意保护环境，减少环境污染，保持生态平衡。

四、苹果园杂草发生情况及防治技术

(一)苹果园主要杂草发生情况

据调查，苹果园中的主要杂草种类有禾本科的马唐、牛筋草、狗牙根、稗草、狗尾草、画眉草、香附子；菊科的苦菜、苦荬菜、刺儿菜、泥胡菜、飞蓬、苍耳、蒲公英、一年蓬、鬼针草；十字花科的荠菜，唇形科的夏至草，桑科的葎草，马齿苋科的马齿苋，苋科的反枝苋、青葙、皱果苋，大戟科的铁苋菜、泽漆，莎草科的香附子，旋花科的田旋花、圆叶牵牛、裂叶牵牛、打碗花，藜科的藜，车前科的平车前、大车前，锦葵科的野西瓜苗，酢浆草科的酢浆草，豆科的长萼鸡眼草，紫草科的附地菜，蓼科的萹蓄、两栖蓼，茄科的龙葵、小酸浆、曼陀罗，鸭跖草科的鸭跖草，千屈菜科的节节草，蒺藜科的蒺藜，堇菜科的紫花地丁，伞形科的毒芹、水芹，紫草科的附地菜，泽泻科的慈姑，木贼科的节节草，天南星科的半夏，石竹科的繁缕，夹竹桃科的萝藦，茜草科的茜草等 20 多科 50 余种，这些杂草在果树行间均能形成自然草被。其中，在烟台市苹果园分布较广且密度较大的杂草有牛筋草、马齿苋、铁苋菜、马唐、荠菜、狗尾草、苦菜、刺儿菜、葎草、反枝苋、飞蓬、稗草、蒲公英、圆叶牵牛、裂叶牵牛、打碗花、萹蓄、鸭跖草，这 18 种优势种杂草分属 9 个科，其中禾本科和菊科杂草数量最多。

(二)苹果园杂草综合防治技术

1. 农业防治

农业防治杂草常见的措施有轮作倒茬、深翻耕作、高密度栽培、高温堆肥等，但对果树这一多年生的作物来讲，大多不适用，需要注意的就是高温堆肥避免草种子带入果园土壤。有机质肥料是农村用作农田的主要肥源，也是杂草传播蔓延的根源。由于积肥时原料来源复杂，不但有秸秆、落叶、绿肥、垃圾等，而且许多地方用田间或其他地方清除的杂草积肥，里边含有大量的杂草种子，不经高温堆肥施入田间，把大量的草籽带入田间增加了田间杂草种子来源及杂草的数量，所以大量施入未腐熟而含有杂草种子的肥料是导致农田杂草严重发生的原因之一，在生产上应高度重视这一问题，采用高温堆肥杀死杂草草籽是防止杂草为害的重要技术。

2. 物理防治

(1)覆盖除草

利用覆盖物的不透光性，抑制杂草生长。目前常用的一种覆盖物是园艺除草布，又称“防草布”，由无毒无味的聚丙烯、聚乙烯扁丝高强度耐老化材料的窄条编制而成，厚度是普通地膜的 5 倍，结实耐用，可连续使用 5～8 年。果树行间覆盖园艺除草布，一次投入可长期控制杂草生长，并具有渗水性好、保墒效果好、防止水土及氮素流失等优点。此外，也可选用其他覆盖物除草，如黑色地膜、黑色无纺布、作物秸秆、干草、树叶等。

(2)机械除草

机械除草一般分为两种，微耕除草和割草除草。第一种微耕除草，是通过对果园土壤的耕耙达到破坏杂草植株的目的。虽然可以操作，操作简单，体型小，但果园除草时死角问题还是存在很多。如树干和高脊周围的草不能用微耕机清除，必须人工清除；同时，因为微耕机会翻土，如果锄太浅，草就不会被清理干净，如果锄太深，则不可避免地会锄到果树的表层根部，影响果树的发育和结果。第二种是果园割草机，是一种像镰刀一样切割地上部分杂草植株的微型机械，一般在杂草达到 30 cm 高度时及时刈割除草。该方式由于不翻土，不会影响果树的表层根系，并且死角相对较少；缺点是由于不能去除草根，草的二次生长非常快，在一个生长周期内需要多次割草。

3. 生物防治

可以在果园采取养殖鹅、鸭等可食草的动物，打造一种种养循环模式，利用鹅、鸭喜食青草的习性除草。养鹅、鸭既节约了除草的人工费用，鹅、鸭的粪便又均匀散布在园内，可以增加园土养分，在除草的同时既保证了果树的健康成长，还能获得鹅、鸭肉蛋副产品。根据放养鹅、鸭的大小、强弱决定放养密度，一般每亩果园可放养 30～50 只鸭或 20 只鹅。鹅、鸭在果园觅食，还能把果园地面和草丛中的绝大部分害虫吃掉，从而减轻害虫对果树的为害，使鹅、鸭与果林之间形成一种良性互动的生态循环模式。鹅、鸭粪中含有氮、磷、钾等果树生长所需要的营养物质，可以提高土壤肥力，促进果树生长，节约肥料，节省开支。

4. 化学防治

(1)土壤处理

可选用乙草胺乳油，在杂草出土萌动前，将每公顷用药量加水 450～900 kg，均匀喷洒于土壤表面，干旱条件下，施药后浅混土 2～3 cm，有利于药效发挥，可以有效地防治一年生禾本科杂草，但对多年生杂草无效。还可以选用 25%敌草隆可湿性粉剂，该药剂在杂草出土萌动时，用 7.5～12 kg /hm^2 加水喷洒封闭处理地表层，可有效防治果园的一年生杂草和多年生杂草。

(2)茎叶处理

可用触杀除草剂草铵膦喷洒杂草茎叶防治，配制 20%草铵膦 100～150 倍液喷施，温度不高时建议加入农药助剂来增强效果。在杂草的旺盛生长期(草高 10～20 cm 时)茎叶喷雾处理效果好，除草干净，但仅对已出杂草有效，没有残效期，雨季的时候很快会发生新草。喷洒时应注意避免漂移到果树上，以免产生药害。

5. 果园生草

诸多研究表明，果园生草栽培有很多好处，包括自然杂草和人工种草。可以保持水土，提高果园土壤有机质和有效养分含量，改善土壤理化性质、调节地温，为许多果树害虫及天敌提供栖息场所，提高天敌昆虫的生物多样性，有利于运用大自然的生物链实现对害虫的控制。因此，对于果园中的杂草，也可选择保留的策略，使果树行间保持当地野生草本植被覆盖。

果园生草策略并不是对果园内的杂草放任不管，当杂草过高时应及时采取刈割等方式控制长势，还应选择性地人工清除部分恶性杂草。恶性杂草是指深根性、植株高大、主干木质化程度高的杂草，如艾草、苘麻、龙葵、曼陀罗、灰绿藜、大蓟、苍耳等；一些攀缘生长的杂草绕缠在果树上，如鹅绒藤、葎草、马兜铃、牵牛花等。这些杂草减少了果树受光面积，还与果树争夺养分，从而影响果树的有机营养物质积累，对花芽形成及果实品质的提高不利，属于恶性杂草，需要人工清除。

五、大豆田杂草发生情况及防治技术

(一)大豆田主要杂草发生情况

大豆是我国的主要油料作物，又是重要的副食品原料。根据全国农田杂草考察组的资料，我国大豆田杂草可分成 4 个区。

1. 东北地区

该区包括黑龙江、吉林、辽宁、内蒙古。该地区耕作特点为一年一熟制的春大豆草区，主要杂草有稗草、狗尾草、马唐、野燕麦、藜、蓼、反枝苋、铁苋菜、苍耳、鸭跖草、苣荬菜、龙葵、苘麻、问荆、芦苇等，可形成不同的杂草群落，这些杂草群落和大豆共生。主要包括：稗草＋狗尾草＋问荆；卷叶蓼＋本氏蓼＋问荆；苍耳＋稗草＋狗尾草；反枝苋＋稗草蓼＋蓼；本氏蓼＋稗草＋狗尾草；鸭跖草＋苣荬菜＋本氏蓼；本氏蓼＋稗草＋狗尾草；反枝苋＋稗草＋藜；狗尾草＋稗草＋蓼；铁苋菜＋藜＋马唐；马唐＋铁苋菜＋藜等。杂草发生各地有各地的特点，如辽宁省大豆田的杂草群落主要是马唐＋铁苋菜＋藜。

2. 黄淮海地区

该区包括河南、山东、河北、安徽。该地区的高温高湿季节(4 月上旬至 8 月上旬)是大豆和杂草生长的季节，无论是春大豆或夏大豆地，均为杂草的萌发出土高峰期。主要杂草有：马唐、牛筋草、稗草、藜、狗尾草、金狗尾、反枝苋、铁苋、鳢肠、牵牛花、香附子、马齿苋、野地黄、菟丝子、青葙、田旋花、酸模、野甜瓜、刺儿菜等。常见的杂草群落有马唐＋稗草＋鳢肠、牛筋草＋稗草＋马唐、苋菜＋狗尾草＋苘麻、铁苋＋马唐＋稗草、马齿苋＋藜＋千金子、苋菜＋藜稗草等，在有些群落中同时还有许多其他杂草，还有的地块以苘麻、牵牛花为主。

3. 长江流域地区

该区包括四川、湖北、湖南、江西、安徽、江苏、上海，为一年两熟制的大豆产区，大豆常和小麦、油菜轮作，也是大豆的主要产区之一。该区以夏大豆为主，部分地区有春大豆。主要杂草有千金子、马唐、稗草、苍耳、反枝苋、牛筋草、碎米莎草、凹头苋、狗尾草、鳢肠等。由于温度较高、湿度偏大、降水量多，常引起草荒。主要杂草群落有：千金子＋稗草＋鳢肠、马唐＋稗草＋千金子、稗草＋千金子＋鳢肠、马齿苋＋千金子＋马唐、马唐＋稗草＋鳢肠、牛筋草＋马唐＋稗草等，在这些杂草群落中，有时还有许多其他杂草。

4. 华南地区

该区包括广东、广西，此区大豆在春、夏、秋都有播种，由于雨量充沛，气温高，无霜期长，在整个大豆生育期都有杂草的发生，而且为害严重。主要杂草有：马唐、稗草、画眉、碎米莎草、胜红蓟、青葙、鳢肠、狗尾草、香附子等。这些杂草形成不同的杂草群落，主要群落有：马唐＋稗草＋碎米莎草＋鳢肠、碎米莎草＋鳢肠＋千金子、胜红蓟＋青葙＋马唐等，在这些杂草群落中，有时还有许多其他杂草。

山东位于黄淮海地区，是我国仅次于东北地区的大豆产区，大豆和小麦轮作和玉米、棉花间作，个别地方为单作，这是主要种植方式。由于精耕细作，短期草害轻，但如果遇到阴雨，草害相当严重。主要杂草有：马唐、牛筋草、稗草、藜、狗尾草、金狗尾、反枝苋、铁苋、鳢肠、牵牛花、香附子、马齿苋、野地黄、菟丝子、青葙、田旋花、酸模、野甜瓜、刺儿菜等。常见的杂草群落有马唐＋稗草＋鳢肠、牛筋草＋稗草＋马唐、苋菜＋狗尾草＋苘麻、铁苋＋马唐＋稗草、马齿苋＋藜＋千金子、苋菜＋藜＋稗草等，在有些群落中同时还有许多其他杂草，还有的地块以苘麻、牵牛花为主。

在我国为害大豆的杂草种类有70～80种，但真正造成草荒的有20～30种，如一年生禾本科杂草有稗草、狗尾草、千金子、画眉草、牛筋草、马唐、野燕麦等；一年生阔叶杂草有反枝苋、凹头苋、刺苋、绿苋、青葙、牵牛花、葎草、藜、蓼(柳叶蓼、大马蓼)、铁苋菜、鳢肠、鸭舌草、田旋花、苍耳、龙葵、苘麻、菟丝子、马齿苋、地锦、野西瓜、野甜瓜、蒺藜、苜蓿、野地黄、芦苇、问荆、苣荬菜、刺儿菜、委陵菜、马兜铃、罗布麻及香附子等。在这些杂草中，约有95%以上是一年生杂草，3%～5%为多年生杂草，其生理生长特性各异，有的地区可能以某一种杂草为主，有的地方可能以某几种杂草为主。常因人工拔除不力，机械除草留下株间草，雨涝延误农时等原因造成草荒，在造成草荒后，一般能使大豆减产30%左右，有的甚至造成绝收。

(二)大豆田主要杂草综合防治

1. 农业措施

轮作倒茬是控制大豆田杂草为害的有效途径之一。大豆可与水稻、玉米等轮作倒茬，由于大豆田和水稻、玉米田的杂草群落不一样，有的时差较大，轮作倒茬可相应减少大豆田的杂草，减轻杂草对大豆的为害。如在大豆田生长的狗尾草、画眉、牛筋草、苍耳、青葙、龙葵、反枝苋、铁苋、葎草、牵牛花、苘麻等，在水稻田不能存活，种子被水渍后许多种子失去发芽能力，种水稻后再种大豆杂草数量大量减少。大豆还可和麦类轮作，也是减轻草害的一种手段。无论是冬小麦或春小麦的播种都比大豆早，当小麦生长到一定高度时，为害大豆的稗草、马唐、狗尾草、藜等才开始出土，这些杂草一般比小麦晚出土25 d左右(东北、西北)，不能为害小麦，当收割小麦时，把这些没成熟的杂草收割掉，可减轻来年杂草为害大豆。在黑龙江省，7月上、中旬收割小麦，当时稗草、狗尾草、马唐等没有抽穗，藜、蓼等没有结籽，收割麦子时把这些杂草同时收割，去掉大量的杂草种子，可有效地减少翌年杂草种子的基数，减轻杂草对大豆的为害，这是麦茬大豆比连作大豆田草害轻的原因。

2. 化学防治

(1)以禾本科杂草为主的大豆田播后芽前杂草防治

大豆田主要杂草为马唐、狗尾草、牛筋草、菟丝子、藜、反枝苋等，生产中可以用酰胺类、二硝基苯胺类除草剂。在大豆播后苗前施药时，因为大豆出苗较快而不能施药太晚。华北地区夏大豆出苗一般需2～4 d，施用除草剂时宜在大豆播种后3 d内施药且最好在播种的2 d内施药。可以用50%乙草胺乳油100～150 mL/亩，或72%异丙甲草胺乳油150～200 mL/亩，或72%异丙草胺乳油150～200 mL/亩，或33%二甲戊灵乳油150～200 mL/亩，兑水50～80 kg，喷雾土表。

土壤有机质含量低、砂质土、低洼地、水分足，用药量低，反之用药量高。土壤干旱条件下施药要加大用水量或进行浅混土(2～3 cm)，施药后如遇干旱，有条件的可以灌水。大豆幼苗期，遇低温、多湿、田间长期积水或药量过多，易受药害。其药害症状为叶片皱缩，待大豆长至3片复叶以后，即北方进入7月，温度升高时可以恢复正常生长。一般对产量无影响。

(2)草相复杂的大豆田播后芽前杂草防治

大豆田杂草多，草相复杂为害严重。有不好防治的阔叶杂草和莎草科杂草。在大豆播后苗前施用除草剂时，最好在播种的 2 d 之内施药，可以用 50%乙草胺乳油 100 mL/亩+24%乙氧氟草醚乳油 10～15 mL/亩，或 72%异丙草胺 150 mL/亩+10%氯嘧磺隆可湿性粉剂 5～75 g/亩，或 72%异丙草胺乳油 150 mL/亩+15%噻磺隆可湿性粉剂 8～10 g/亩，兑水 50～80 kg，喷雾土表。

土壤有机质含量低、砂质土、低洼地、水分足，用药量低，反之用药量高。土壤干旱条件下施药要加大用水量或进行混土(2～3 cm)，施药后如遇干旱，有条件的可以灌水。大豆幼苗期，遇低温、高湿、田间长期积水或药量过多，易受药害。乙氧氟草醚为芽前触杀性除草剂，除草效果较好，但施药必须均匀；否则部分杂草死亡不彻底而影响除草效果。乙氧氟草醚对大豆易发生药害，生产上要严格掌握施药剂量。氯嘧磺隆可以有效防治多种一年生禾本科杂草和阔叶杂草，但对大豆安全性差，施药量过大大豆易发生药害。

(3)大豆苗期以禾本科杂草为主的大豆田杂草防治

对于多数大豆田，特别是除草剂应用减少的地区或地块，马唐、狗尾草、牛筋草、稗草等发生为害严重，占杂草的绝大多数。防治时要针对具体情况选择药剂种类和剂量。

①在大豆苗前，杂草出苗减少或雨后正处于大量发生之前，盲目施用茎叶期防治禾本科杂草的除草剂，如精喹禾灵等，并不能达到理想的除草效果。该期施药时，可以用 5%精喹禾灵乳油 50～75 mL/亩+72%异丙甲草胺乳油 100～150 mL/亩，或 5%精喹禾灵乳油 50～75 mL/亩+33%二甲戊灵乳油 100～150 mL/亩，或 12.5%稀禾啶乳油 50～75 mL/亩+72%异丙甲草胺乳油 100～150 mL/亩，或 24%烯草酮乳油 20～40 mL/亩+50%异丙草胺乳油 100～200 mL/亩，兑水 30 kg，均匀喷施。

施药时视草情、墒情确定用药量。施药时尽量不喷到大豆叶片上。由于豆田干旱或中耕除草，田间尽管杂草较小、较少，但大豆较大时，不宜施用这些配方除草剂；否则药剂过多喷施到大豆叶片，特别是遇高温、干旱、正午强光下施药易发生严重的药害。

②对于前期未能封闭除草的田块，在杂草基本出齐，杂草处于幼苗期时应及时施药。可以施用：5%精喹禾灵乳油 50～75 mL/亩，或 10.8%高效吡氟氯禾灵乳油 20～40 mL/亩，或 10%喔草酯乳油 40～80 mL/亩，或 15%精吡氟禾草灵乳油 40～60 mL/亩，或 10%精噁唑禾草灵乳油 50～75 mL/亩，或 12.5%烯禾啶乳油 50～75 mL/亩，或 24%烯草酮乳油 20～40 mL/亩，兑水 30 kg 均匀喷施，可以有效防治多种禾本科杂草。施药时视草情、墒情确定药量，草大、墒差时适当加大用药量。施药时注意不能漂移到周围禾本科作物上。否则会发生严重的药害。

(4)大豆苗期以禾本科杂草和阔叶杂草混生的大豆田杂草防治

部分大豆田，前期未能及时施用除草剂或除草效果不好时，苗期发生大量杂草。在南方及华北地区夏大豆田，对于以马唐、狗尾草为主，并有藜、苋少量发生的地块，在大豆 2～4 片羽状复叶期、杂草基本出齐且处于幼苗期时应及时施药。此时可选用 5%精喹禾灵乳油 50～75 mL/亩+48%苯达松水剂 150 mL/亩，或 10.8%高效氟吡甲禾灵乳油 20～40 mL/亩+25%三氟羧草醚水剂 50 mL/亩，或 5%精喹禾灵乳油 50～75 mL/亩+24%乳氟禾草灵乳油 20 mL/亩，兑水 30 kg，均匀喷施。施药时视草情、墒情确定用药量。草大、墒差时适当加大用药量。

六、大豆-玉米带状复合种植杂草防治技术

随着大豆-玉米带状复合种植面积逐渐增加，部分地区复合种植田杂草发生严重，主要种类有藜、田旋花、小蓟、反枝苋、曼陀罗、苘麻、地锦等。农田杂草与农作物争水、争肥、争空间、传播病虫害，发生严重时可造成作物减产30%以上，对大豆-玉米带状复合种植安全威胁极大。由于玉米属于禾本科植物，大豆属于阔叶类植物，两者使用的茎叶除草剂对彼此都是致命的，大豆-玉米带状复合种植技术对除草剂品种选择、施用时间、施药方式等提出了更高要求。

(一)防控策略

大豆-玉米带状复合种植杂草防除要坚持综合防治原则，充分发挥翻耕旋耕除草、地膜覆盖除草等农业、物理措施的作用，降低田间杂草发生基数，减轻化学除草压力。使用除草剂要坚持"播后苗前土壤封闭处理为主、苗后茎叶喷施处理为辅"的施用策略，根据不同区域特点、不同种植模式，既要考虑当茬大豆、玉米生长安全，又要考虑下茬作物和来年大豆-玉米带状复合种植轮作倒茬安全，科学合理选用除草剂品种和施用方式。

(1)因地制宜

各地要根据播种时期、种植模式、杂草种类等制定杂草防治技术方案，因地制宜科学选用适宜的除草剂品种和使用剂量，开展分类精准指导。

(2)治早治小

应优先选用播后苗前土壤封闭处理除草方式，减轻苗后除草压力。苗后除草重点抓住出苗期和幼苗期，此时杂草与作物开始竞争，此期也是杂草最敏感、脆弱的阶段，除草效果好。

(3)安全高效

杂草防控使用的除草剂品种要确保高效、低毒、低残留，对环境友好，确保本茬大豆、玉米及周边作物的生长安全，同时对下茬作物不会造成影响。

(二)技术措施

1.大豆-玉米带状间作

主要在西南、黄淮海、长江中下游和西北地区。大豆-玉米同期播种，除草剂使用以播后苗前封闭处理为主。选用精异丙甲草胺(或异丙甲草胺、乙草胺)+唑嘧磺草胺(或噻吩磺隆)等药剂进行土壤封闭。

土壤封闭效果不理想需茎叶喷雾处理的，可在玉米苗后3～5叶期，大豆2～3片三出复叶期，杂草2～5叶期，根据当地草情，选择玉米、大豆专用除草剂实施茎叶定向除草(要采用物理隔帘将玉米、大豆隔开施药)。后期对于难防杂草可人工拔除。

黄淮海地区，麦收后田间杂草较多，在玉米和大豆播种前，先用草铵膦进行喷雾处理，灭杀已经出苗的杂草。在玉米和大豆播种后立即进行土壤封闭处理，土壤封闭施药后，可结合喷灌、降水或灌溉等措施，将小麦秸秆上黏附的药剂淋溶到土壤表面，提高封闭效果。

西北地区，推广采用黑色地膜覆膜除草技术，降低田间杂草发生基数。在没有覆膜的田块，播后苗前进行土壤封闭处理。

内蒙古，采用全膜覆盖或半膜覆盖控制部分杂草。在没有覆膜的田块，播后苗前进行土壤封闭处理，结合苗后玉米、大豆专用除草剂定向喷雾。

2. 大豆玉米带状套作

西南地区，降水充沛，杂草种类多，防除难度大。玉米先于大豆播种，除草剂使用应封杀兼顾。玉米播后苗前选用精异丙甲草胺（或乙草胺）＋噻吩磺隆等药剂进行土壤封闭处理，如果玉米播前田间已经有杂草的可用草铵膦喷雾；土壤封闭效果不理想时需茎叶喷雾处理的，可在玉米苗后 3～5 叶期选用烟嘧磺隆＋氯氟吡氧乙酸（或二氯吡啶酸、灭草松）定向（玉米种植区域）茎叶喷雾。

大豆播种前 3 d，根据草相选用草铵膦、精喹禾灵、灭草松等在田间空行进行定向喷雾，播后苗前选用精异丙甲草胺（或乙草胺）＋噻吩磺隆等药剂进行土壤封闭处理。土壤封闭效果不理想时需茎叶喷雾处理的，在大豆 3～4 片三出复叶期选用精喹禾灵（或高效氟吡甲禾灵、精吡氟禾草灵、烯草酮）＋乙羧氟草醚（或灭草松）定向（大豆种植区域）茎叶喷雾。

3. 注意事项

（1）优先选用噻吩磺隆、唑嘧磺草胺、灭草松、精异丙甲草胺、异丙甲草胺、乙草胺、二甲戊灵等 7 种同时登记在玉米和大豆上的除草剂。土壤有机质含量在 3%以下时，选择除草剂登记剂量低量者；土壤有机质含量在 3%以上时，选择除草剂登记剂量高量者。喷施除草剂时，应保证喷洒均匀，干旱时土壤处理每亩用水量在 40 L 以上。

（2）在选择茎叶处理除草剂时，要注意选用对临近作物和下茬作物安全性高的除草剂品种。精喹禾灵、高效氟吡甲禾灵、精吡氟禾草灵和烯草酮等药剂漂移易导致玉米药害，氯氟吡氧乙酸和二氯吡啶酸等药剂漂移易导致大豆药害，莠去津、烟嘧磺隆易导致大豆、小麦、油菜残留药害，氟磺胺草醚对下茬玉米不安全。

（3）如果发生除草剂药害，可在作物叶面及时喷施吲哚丁酸、芸苔素内酯、赤霉酸等，一定程度上缓解药害。同时，应加强水肥管理，促根壮苗，增强抗逆性，促进作物快速恢复生长。

（4）苗后喷施除草剂时，可采用生产中常用的喷杆式喷雾机并对其进行改装，在其基础上设置双药箱和喷头区段控制系统，实现不同药液的分条带喷施，同时在大豆-玉米带间加装隔离板，防止药剂带间漂移。